W0262902

Programm Praxis
Band 3

Herausgegeben von:

Walter Gander (ETH Zürich)
Gerhard Jäger (Universität Bern)

Walter Gander

Computer-mathematik

Springer Basel AG

Prof. Dr. Walter Gander
Institut für Wissenschaftliches
Rechnen
ETH-Zentrum
CH-8092 Zürich

Die Deutsche Bibliothek - CIP - Einheitsaufnahme

Gander, Walter:
Computermathematik / Walter Gander.
Basel; Boston; Berlin: Birkhäuser
[Hauptbd.].– 2., überarb. Aufl. mit TURBO PASCAL-
Programmen. – 1992
   (Programm-Praxis; Bd. 3)

NE: GT

© 1992 Springer Basel AG
Ursprünglich erschienen bei Birkhäuser Verlag Basel 1992.
Umschlaggestaltung: Markus Etterich, Basel
camera-ready manuscript
ISBN 978-3-7643-2765-1   ISBN 978-3-0348-5671-3 (eBook)
DOI 10.1007/978-3-0348-5671-3

Inhaltsverzeichnis

Vorwort **7**

1 Rechnen mit Computern **11**
1.1 Endliche Arithmetik 14
1.2 Approximations- und Rundungsfehler 16
1.3 Stabilität und Kondition 21

2 Elementare Algorithmen **25**
2.1 Quadratische Gleichungen 25
2.2 Bruchrechnen 27
2.3 Polarkoordinaten 29
2.4 Summen und Reihen 33
2.5 Komplexe Zahlen 42
2.6 Matrizenoperationen 45
2.7 Mehrfach genaues Rechnen 48

3 Nichtlineare Gleichungen **57**
3.1 Der Bisektionsalgorithmus 58
3.2 Iteration 65
3.3 Iterationsverfahren höherer Ordnung 74

4 Polynome **91**
4.1 Division durch einen Linearfaktor 91
4.2 Zahlenumwandlungen 95
4.3 Umentwickeln von Polynomen 97
4.4 Nullstellen von Polynomen 100
4.5 Das Newtonverfahren 104
4.6 Der Algorithmus von Nickel 110
4.7 Das Verfahren von Laguerre 113

5 Lineare Gleichungssysteme **117**
5.1 Theoretische Lösung 119
5.2 Das Gauss'sche Eliminationsverfahren 124
5.3 Elimination durch Givensrotationen 137

    5.4 Ausgleichsrechnung 141

6 Interpolation   **151**
    6.1 Polynominterpolation 153
    6.2 Extrapolation 162
    6.3 Spline-Interpolation 168
    6.4 Kubische Splinefunktionen 169
    6.5 Bestimmung der Ableitungen 173
    6.6 Echte Splinefunktionen 176
    6.7 Tridiagonale lineare Gleichungssysteme 181
    6.8 Interpolation von Kurven 188

7 Numerische Integration   **191**
    7.1 Die Trapezregel 192
    7.2 Die Regel von Simpson 197
    7.3 Das Romberg Verfahren 202
    7.4 Adaptive Quadratur 206
    7.5 Differentialgleichungen 213
    7.6 Die Verfahren von Euler und Heun 218
    7.7 Die Fehlerordnung eines Verfahrens 223
    7.8 Das Runge-Kutta Verfahren 225
    7.9 Das Runge-Kutta-Fehlberg Verfahren 230

8 Hinweise zur Programmierung   **233**
    8.1 Darstellung von Algorithmen 233
    8.2 Implementation eines Algorithmus 234
    8.3 Das Auflösen einer Rekursion 241
    8.4 Differentiation von Programmen 245

Anhang: Plotprozeduren zum Zeichnen von Funktionen   **255**

Literaturverzeichnis   **263**

Index   **264**

Vorwort

Das vorliegende Buch ist aus zehnjähriger Unterrichtserfahrung des Autors am Neu-Technikum Buchs und an der ETH Zürich entstanden. Überall um uns herum finden wir Computer, welche als wunderbare neue Instrumente die Möglichkeiten der Technik entscheidend erweitern. Das Umgehen mit Computern gehört zur Allgemeinbildung. Man führt Programmierkurse nicht nur in den Schulen, sondern auch in der Erwachsenenbildung und mittels speziellen Impulsprogrammen durch. Dieses Buch ist keine Einführung in die Programmierung, sondern setzt voraus, dass der Leser bereits eine Programmiersprache kennt und schon Programme geschrieben hat. Ziel dieses Buches ist es, den Computer als faszinierendes neues Instrument im Mathematikunterricht in höheren Schulen (Mittelschulen, Ingenieurschulen und Einführungsvorlesungen an Universitäten) einzusetzen, und damit Aufgaben zu lösen, die man vor dem Computerzeitalter nicht angepackt hätte.

Vieles, was früher für die mathematische Allgemeinbildung unerlässlich schien, kann heute weggelassen werden, z. B. muss man bei der Integration nicht mehr soviele Kunstgriffe lernen, um möglichst viele Integrale analytisch lösen zu können, oder bei den Differentialgleichungen ist es auch nicht mehr nötig, jeden noch analytisch lösbaren Typ zu kennen. Viel wichtiger ist zu lernen, wie man eine Differentialgleichung auf ein System erster Ordnung zurückführt. Nach wie vor sind aber fundamentale Kenntnisse in Analysis und linearer Algebra unerlässlich. Diese werden hier oft benützt und es ist zu hoffen, dass die Matrizenrechnung bald, wie vor ca. 40 Jahren die Differentialrechnung, in die Mittelschule einziehen wird.

Wenn man mit mathematischen Problemen auf einen Computer geht, wird man unweigerlich mit der Unvollkommenheit der endlichen Arithmetik konfrontiert und muss sich mit den Rundungsfehlern abgeben. Die Numerische Mathematik, die sich damit beschäftigt, ist die älteste Disziplin der Informatik. Sie hat sich etabliert, und es ist heute bekannt, welchen Einfluss Rundungsfehler haben, welche Algorithmen empfehlenswert sind und benützt werden sollen. Im vorliegenden Buch wird eine Auswahl dieser Algorithmen gegeben und der Leser angeleitet, viele Programme selbst zu schreiben und auch bestehende Programme zu modifizieren. Das Buch enthält viele Übungsaufgaben und ein Lösungsbuch dazu wird auch erscheinen[1].

Als Dokumentationssprache wird PASCAL verwendet, eine Sprache, die von N. Wirth in Zürich entwickelt wurde, und die heute weltweit vor allem im Unterricht verwendet wird. Grossen Wert wird auf Leserlichkeit eines Algorithmus gelegt. Zudem zeigen wir in Kap. 8, wie ein in PASCAL dokumentierter Algorithmus systematisch in BASIC umgeschrieben und damit auf einem Computer, der keinen PASCAL-Compiler besitzt, implementiert werden kann.

Das Buch soll vor allem diejenigen Leser ansprechen, welche Freude an algorithmischer Mathematik haben oder die Mathematik als Werkzeug zum Lösen von technischen Problemen benützen.

Das vorliegende Buch wurde in kurzer Zeit hier in Stanford unter Benützung von TEX, einem von Donald E. Knuth entwickelten vollautomatischen Textsystem geschrieben, welches besonders gut dazu geeignet ist, mathematische Texte *aesthetisch schön* zu schreiben. Donald E. Knuth gebührt nicht nur mein, sondern der Dank vieler Kollegen, die von diesem wunderbaren System Gebrauch machen. Mein Dank geht auch an Leslie Lamport, der TEX durch ein System von Programmen erweitert hat und das System LATEX geschaffen hat, welches dem Autor eines Buches viel administrative Arbeit abnimmt.

Mein herzlichster Dank geht an Gene Golub, Chairman of the Computer Science Departement, und an die Stanford Universität für die Gastfreundschaft die ich hier geniessen durfte und ohne diese ich nicht in der Lage gewesen wäre, TEX und LATEX zu lernen und zu benützen. Vieles, das ich jetzt weiss, verdanke ich Mark Kent, einem TEX-Wizard, der mir uneigennützig beistand. Mein Dank geht schliesslich an das Neu-Technikum Buchs, für die Freiheit des Unterrichts, die ich in den ersten Jahren geniessen konnte. Dank dieser Freiheit, die nicht durch starre Lehrpläne eingeschränkt wurde, war es möglich, neue Methoden zu unterrichten.

Ferner möchte ich Herrn Direktor Keller und meinen Kollegen dafür danken, dass sie mir die Möglichkeit eines Freisemesters gegeben haben, das ich für diese Arbeit benützen konnte.

---

[1]W. Gander, Computermathematik Lösungen der Aufgaben mit Turbo Pascal Programmen, Birkhäuser Verlag, Reihe Programm Praxis, 1986

Ein spezieller Dank gilt meiner Frau Heidi, welche mich oft beim Schreiben ermuntert und bei der Druckfehlersuche unterstützt hat. Ich widme dieses Buch meinen beiden Töchtern, Marie-Louise und Beatrice, als Stellvertreter einer neuen Generation, die gerade in der rohstoffarmen Schweiz lernen muss, Computer überlegen zu bedienen und einzusetzen.

Stanford, Oktober 1984,   Walter Gander

Vorwort zur zweiten Auflage

Bei der Neuauflage dieses Buches wurde der Inhalt, der sich bewährt hat, beibehalten. Die Beschränkung auf das Wesentliche und auf Standard PASCAL in der ersten Auflage hat gezeigt, dass es der richtige Weg war: Die Algorithmen sind auch heute noch aktuell und lauffähig.

Die Programmiersprache PASCAL wurde in den letzten Jahren vor allem von der Firma Borland gepflegt und weitentwickelt. Ihr Produkt TURBO PASCAL ist damit zum de facto Standard von PASCAL geworden.

Weil die Programme in der ersten Auflage nicht auf eine spezielle Implementation von PASCAL ausgerichtet sind, konnten sie praktisch ohne Änderungen übernommen werden. Die Tabellen wurden unter Verwendung von TURBO PASCAL 6 neu berechnet, die Werte weichen wegen der Real-Arithmetik geringfügig von denjenigen der ersten Auflage ab. TURBO PASCAL 6 bietet mehrere Typen von reellen Variabeln von verschiedener Genauigkeit an:

Typenname	Rechenbereich	Anzahl Dezimalstellen	Anzahl Bytes
real	$2.9E{-}39\ldots1.7E38$	11-12	6
single	$1.5E{-}45\ldots3.4E38$	7-8	4
double	$5.0E{-}324\ldots1.7E308$	15-16	8
extended	$4.3E{-}4932\ldots1.1E4932$	19-20	10

Je nach Anwendung kann es durchaus von Vorteil sein, den einen oder anderen Typus einzusetzen. Allerdings muss davor gewarnt werden, unbedacht mehrere Typen zu mischen und dadurch mit einer unausgeglichenen Arithmetik zu arbeiten. In vorliegenden Lehrbuch wird bewusst nur der Typus *real* verwendet, der im Standard PASCAL als einziger Typus für Real-Arithmetik vorgesehen ist. Um eine höhere Genauigkeit zu erhalten, genügt es die Deklarationen *real* durch etwa *double* zu ersetzen.

Dagegen wurde bei den ganzen Zahlen vom neuen Typus *longint* Gebrauch gemacht. *Longint* Variabeln können Werte im Bereich von $-2'147'483'648$ bis $2'147'483'647$ annehmen. Damit wird z. B. beim exakten Rechnen mit Brüchen doch den Rechenbereich signifikant erweitert. Der Standard Typus *integer* ist auf Zahlen mit dem Betrag kleiner als $32'767$ beschränkt.

Das 1986 auch in der PROGRAMM PRAXIS REIHE erschiene Lösungsbuch *Computermathematik, Lösungen der Aufgaben mit Turbo Pascal Programmen* enthält die Lösungen aller Aufgaben und verwendet TURBO PASCAL 2. Die dort angegebenen Programme sind mit TURBO PASCAL 6 weitgehend kompatibel und können meistens ohne Änderungen verwendet werden.

Der Filemechanismus ist auch weitgehend gleich geblieben. Wenn kein Filename angegeben wird, werden für die Ein- und Ausgabe nun in TURBO PASCAL 6 die Standardfiles INPUT und OUTPUT verwendet, welche gewöhnlich der Tastatur und dem Bildschirm zugeordnet sind.

Die Plotprozeduren haben von TURBO PASCAL 2 zu TURBO PASCAL 6 sehr geändert. Im vorliegenden Buch wird zwar kein Gebrauch davon gemacht. Im Lösungsbuch dagegen werden im Kapitel 8 Prozeduren angegeben, die graphischen Output ermöglichen. Es geht dabei hauptsächlich um das Zeichnen von Funktionen und Kurven. Ich habe deshalb die Plotprozeduren angepasst und sie bei der Neuauflage des vorliegenden Buches im Anhang angegeben. Damit kann der Leser die Programme des Lösungsbuches weiterhin auch in TURBO PASCAL 6 verwenden.

Zürich, November 1991   Walter Gander

Kapitel 1
Rechnen mit Computern

Wir befassen uns in diesem Buch mit Rechenmaschinen (*Computern*) und Rechenverfahren (*Algorithmen*), die es diesen Maschinen ermöglichen, selbstständig gewisse mathematische Aufgaben zu lösen. Seit Jahrhunderten ist versucht worden, Rechenmaschinen zu konstruieren. Bis nach dem Zweiten Weltkrieg gab es ausgeklügelte mechanische Rechenmaschinen, mit welchen man die vier Grundoperationen $\{+, -, \times, /\}$ durchführen konnte und einige waren sogar fähig, Quadratwurzeln zu berechnen. Ähnlich wie die mechanischen Uhren sind seit dem Zweiten Weltkrieg die mechanischen Rechenmaschinen durch elektronische Computer abgelöst und ins Museum verdrängt worden.

Die ersten Computer wurden gebaut, um komplizierte Berechnungen, wie etwa die statischen Berechnungen für eine Brücke, automatisch durchführen zu können. Um 1950 bestanden diese aus einem Rechenwerk, vergleichbar mit demjenigen einer mechanischen Rechenmaschine, einem Zahlenspeicher für Zwischenergebnisse und einem Rechenplan, gelocht auf einem Filmstreifen, der den Rechenablauf steuerte (siehe Figur 1.1).

Zwei fundamentale Entdeckungen haben zu den heutigen Computern geführt:

1. Der Rechenplan kann, als Zahlen codiert, im gleichen Speicher wie die Zwischenergebnisse sein (John von Neumann 1945)

2. Der Computer selbst kann zum 'Berechnen' von Rechenplänen benützt werden (Heinz Rutishauser 1952)

Als Konsequenz der 'von Neumann-Entdeckung' können heute im Datenspeicher eines Computers beliebige Informationen gespeichert werden:

- Texte (Buchstaben als Zahlen verschlüsselt)

- Bilder (digitale Bildverarbeitung)

- Musik, Sprache (compact disk)

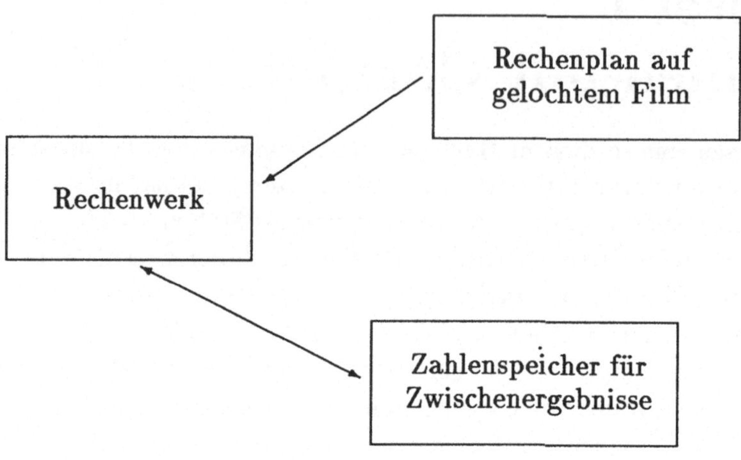

Figur 1.1: Erste Computer

Die zweite Entdeckung hat zur Folge, dass die Eingabe des Rechenplans benützerfreundlich geworden ist. Der Benützer eines Computers kann sein Problem in einer für ihn verständlichen Sprache formulieren. Ein *Compiler* (ein Systemprogramm) sorgt für die Übersetzung des vom Benützer erstellten *Quellenprogramms* in die Befehlssprache des betreffenden Computers (z.B. PASCAL $\rightarrow$ Maschineninstruktionen). Nach dieser Übersetzung kann das Maschinenprogramm ausgeführt werden. Es benötigt dabei eventuell Programme, die in der Programmbibliothek (Library) schon übersetzt vorhanden sind, um z.B. die Funktion $\sin x$ zu berechnen. Der Datenspeicher eines Computers besteht aus lauter Zahlen, welche jedoch verschieden interpretiert werden müssen. Ein Computer ist heute eine *informationsverarbeitende* Maschine (siehe Figur 1.2).

Die Fähigkeit des Computers Daten zu verarbeiten, hat die Türe zu vielseitigen Anwendungen geöffnet:

1. Prozessregler

   Der Computer überwacht das Funktionieren einer Maschine und steuert dessen Ablauf. Sensoren übermitteln über eine Schnittstelle (Interface) dem Computer Daten der Maschine (z.B. die

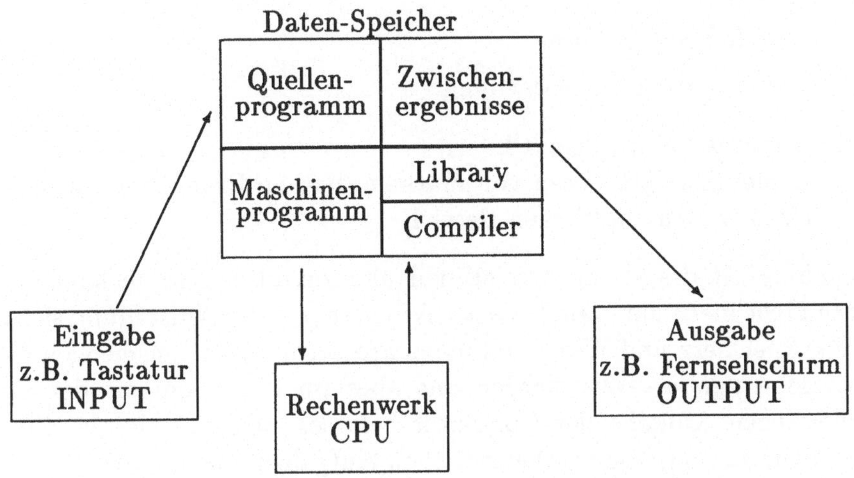

Figur 1.2: Schematischer Aufbau eines Computers

Temperatur) und der Computer muss fähig sein, in kurzer Zeit einen neuen Steuerbefehl zu generieren. Man spricht hier von 'Echtzeit' (*real time*) Anwendungen.

2. Ingenieurhilfsmittel
   Hier seien alle grossen Programmsysteme erwähnt, welche mit den Anfangsbuchstaben CA (=computer aided) beginnen: CAD (computer aided design), CAM (computer aided manufacturing), CAE (computer aided engineering) u.s.w.

3. Datenverarbeitung (Datenbanken)

   - Flugzeugreservationssystem

   - Bankkonto

   - Bibliotheksverwaltung

   - elektronisches Taschenwörterbuch

   - Textverarbeitung

4. künstliche Intelligenz

- Schachspielautomat
- Industrieroboter
- Einbrecherüberwachung

5. Numerische Mathematik
   Zahlenmässiges Lösen von mathematischen Problemen im technisch-wissenschaftlichen Bereich

Die Fähigkeit des Computers schnell und zuverlässig zu rechnen, ist heute nicht mehr der Hauptzweck. Wie man aus der Aufstellung sieht, ist das Speichern und Wiederauffinden grosser Informationsmengen die zentrale Aufgabe. Wir werden uns aber im folgenden mit der ursprünglichen Aufgabe der Computer befassen, nämlich sie als Hilfsmittel zur Lösung von mathematischen Aufgaben einzusetzen.

1.1   Endliche Arithmetik

Jeder Computer ist ein *endlicher Automat*, d.h. er kann nur

- endlich viele Zahlen speichern

- endlich viele Operationen durchführen

Die reellen Zahlen $\Re$ werden durch die endliche Menge der *Maschinenzahlen* $\mathcal{M}$ approximiert. Dabei wird jeweils ein ganzes Intervall von reellen Zahlen , z.B. alle reellen Zahlen, die in den ersten 10 Dezimalstellen übereinstimmen, auf die 10-stellige Maschinenzahl $\tilde{a}$ abgebildet. Die Maschinenzahlen werden *halblogarithmisch* dargestellt, d.h.

$$\tilde{a} = \pm m \times 10^{\pm e}$$

wobei $m = D.D \cdots D$ die *Mantisse*, $e = D \cdots D$ der *Exponent* und D eine Ziffer d.h. $D \in \{0, 1, \ldots, 9\}$ ist. Eine Maschinenzahl $\tilde{a} \neq 0$ ist stets *normalisiert*, d.h. die Ziffer D vor dem Dezimalpunkt ist $\neq 0$. Die Maschinenzahlen sind nicht gleichmässig verteilt: bei 0 sind sie dichter. Da $\mathcal{M}$ eine endliche Menge ist, existiert eine *grösste* und eine *kleinste* Maschinenzahl:

$$\pm M = \pm 9.9 \cdots 9 \times 10^{9 \cdots 9}.$$

Der *Rechenbereich* des Computers ist das Intervall $[-M, M]$. Zahlen die ausserhalb des Rechenbereichs liegen, sind im *Überlaufbereich* (overflow). Entsteht eine solche Zahl als Zwischenresultat, so kann nicht mehr weitergerechnet werden. Die Kapazität der Maschine ist erschöpft und die Rechnung sollte mit einer Fehlermeldung abgebrochen werden. Es gibt in $\mathcal{M}$ eine kleinste positive Zahl, nämlich

$$m = 1.0 \cdots 0 \times 10^{-9 \cdots 9}.$$

Im Intervall $(-m, m)$ liegt einzig die Maschinenzahl 0. Ensteht bei einer Zwischenrechnung eine Zahl $\neq 0$, die im Intervall $(-m, m)$ liegt, so spricht man von *Unterlauf* (underflow). Hier ist es sinnvoll, wenn der Computer die Rechnung mit 0 weiterführt.

Rundungsfehler: Falls $\tilde{a}$ und $\tilde{b}$ Maschinenzahlen sind, ist im allgemeinen $\tilde{a} \times \tilde{b}$ keine Maschinenzahl mehr, weil das Produkt etwa doppelt soviele Ziffern aufweist. Als Ergebnis wird die am nächsten liegende Maschinenzahl

$$\tilde{c} = rund(\tilde{a} \times \tilde{b})$$

verwendet. Die Differenz $\tilde{a} \times \tilde{b} - rund(\tilde{a} \times \tilde{b})$ wird als *Rundungsfehler* bezeichnet. Als Beispiel betrachten wir das folgende kleine Programm, bei welchem $a = e$ sein sollte:

```
program rundungs;
var a, b, c, d, e : real;
begin
    a := 10; b := a/7;
    c := sqrt(sqrt(sqrt(b)));
    d := exp(8 * ln(c)); e := d * 7;
    writeln('e - a = ',e - a);
end.
```

Je nach verwendeter Arithmetik erhält man für die Differenz $e - a$ nicht 0, sondern eine kleine Zahl, wie etwa $e - a = 1.8917489797 \times 10^{-10}$ in TURBO PASCAL 6, die von den Rundungsfehlern herrührt.

Für den Rundungsfehler, der nach einer Operation auftritt, kann eine Schranke angegeben werden. Dafür benötigt man die Maschinengenauigkeit, welche wie folgt definiert ist:

Definition 1.1 *Die* Maschinengenauigkeit *ist jene Maschinenzahl* $\tilde{\varepsilon} \in$ $\mathcal{M}$, *für welche*

$$\tilde{\varepsilon} = \min\{\,\tilde{a} \mid \tilde{a} \in \mathcal{M}, 1 + \tilde{a} > 1\,\}$$

gilt.

$\tilde{\varepsilon}$ ist also jene Maschinenzahl, welche zu 1 addiert gerade noch einen Wert verschieden von 1 ergibt. Für den Rundungsfehler nach einer Operation gilt dann

$$a \tilde{\otimes} b = (a \otimes b)(1 + \eta) \quad \text{wobei} \quad |\eta| < \tilde{\varepsilon} \quad \text{und} \quad \otimes \in \{+, -, \times, /\}.$$

Wie schon im Vorwort erwähnt, existieren in TURBO PASCAL 6 vier vordefinierte Typen von real Zahlen: *real, single, double* und *extended*. Die Maschinengenauigkeit $\tilde{\varepsilon}$ ist für jeden dieser Typen verschieden.

1.2　Approximations- und Rundungsfehler

Der Unterschied zwischen Approximations- und Rundungsfehler kann durch den Vergleich erklärt werden, wie verschiedene Mathematiker ein Problem anpacken. Als Beispiel betrachten wir das Problem der Quadratur des Kreises: Gegeben ist ein Kreis vom Radius r, wie gross ist sein Flächeninhalt?

Der *reine Mathematiker* interessiert sich *grundsätzlich* dafür, ob das Problem sinnvoll gestellt ist, eine Lösung existiert und eindeutig ist. Er wird beweisen, dass es eine Konstante π gibt so, dass $A(r) = \pi r^2$ gilt. Ferner wird er zeigen, dass π nicht rational ist und er wird π durch verschiedene schöne Gleichungen wie z.B. $e^{i\pi} = -1$ charakterisieren.

Der *Angewandte Mathematiker* konstruiert eine *Näherungslösung*, eventuell unter vereinfachenden Annahmen. Die Differenz

$$\text{exakte Lösung} - \text{Näherungslösung}$$

ist der *Approximationsfehler* (häufig ein *Diskretisationsfehler*). Der angewandte Mathematiker wird also versuchen, π näherungsweise zu berechnen. Er benützt dazu regelmässige, dem Kreis einbeschriebene Vielecke, deren Flächen A_n leicht zu berechnen sind und für welche

$$\lim_{n \to \infty} \frac{A_n}{r^2} = \pi$$

gilt. Für $r = 1$ ist $A_6 = \frac{3}{2}\sqrt{3}$ und

$$A_n = \frac{n}{2}\sin\alpha_n \quad \text{wobei} \quad \alpha_n = \frac{2\pi}{n}.$$

Unter Verwendung bekannter trigonometrischer Identitäten, nämlich

$$\sin\left(\frac{\alpha}{2}\right) = \sqrt{\frac{1 - \cos\alpha}{2}} = \sqrt{\frac{1 - \sqrt{1 - \sin^2\alpha}}{2}} \tag{1.1}$$

lässt sich eine Rekursionsformel zur Berechnung von A_{2n} aus A_n herleiten. Man erhält damit folgendes Programm:

Algorithmus 1.1

```
program pi;
var a, s : real; n : integer;
begin
    s := sqrt(3)/2; a := 3 * s; n := 6;
    while s > 1E - 5 do
    begin
        s := sqrt((1 - sqrt(1 - s * s))/2);
        n := 2 * n; a := n/2 * s;
        writeln(n : 8, a : 10 : 5, s : 11)
    end;
    readln
end.
```

Wenn man Algorithmus 1.1 in TURBO PASCAL 6 ausführen lässt, erhält man die Werte von Tabelle 1.1. Das Ergebnis ist katastrophal. Man stellt fest, dass die Näherungen zunächst gegen π zu konvergieren scheinen, dann aber wieder davon weglaufen. Als Abbruchkriterium wurde der Wert von $\sin\alpha$ geprüft: Solange iterieren, als dieser grösser als 10^{-5} ist. Erstaunlicherweise wird die Eckenzahl n negativ und der Näherungswert für π wird 0 ?!

Der *Numerische Mathematiker* lehrt den *Computer*, die Näherungslösung zu berechnen. Was der Computer ausdruckt, ist nicht die Näherungslösung, die der angewandte Mathematiker berechnet haben will, denn wegen der endlichen Arithmetik ist sie durch *Rundungsfehler* verfälscht. Es ist die Aufgabe des numerischen Mathematikers, das

n	A_n	$\sin \alpha_n$
12	3.0000000000	5.000E-01
24	3.1058285412	2.588E-01
48	3.1326286133	1.305E-01
96	3.1393502029	6.540E-02
192	3.1410319508	3.272E-02
384	3.1414524712	1.636E-02
768	3.1415575977	8.181E-03
1536	3.1415838514	4.091E-03
3072	3.1415904255	2.045E-03
6144	3.1415916208	1.023E-03
12288	3.1415895717	5.113E-04
24576	3.1415868397	2.557E-04
-16384	-1.0471956132	1.278E-04
-32768	-1.0471664706	6.391E-05
0	0.0000000000	3.195E-05
0	0.0000000000	1.597E-05
0	0.0000000000	7.979E-06

Tabelle 1.1: unstabile Berechnung von π

falsche Funktionieren des Algorithmus 1.1 zu erklären und zu beheben. Die Halbwinkelformel (1.1) für den $\sin(\alpha/2)$ ist unbrauchbar, weil sie starker numerischer Auslöschung unterworfen ist. Die *numerische Auslöschung* ist ein spezieller Rundungsfehler, der auftritt, wenn zwei nahezu gleichgrosse Zahlen voneinander subtrahiert werden:

$$
\begin{array}{r}
1.2345 \times 10^0 \\
-\quad 1.2344 \times 10^0 \\
\hline
0.0001 \times 10^0 \\
= 1.0000 \times 10^{-4}
\end{array}
$$

Die Nullen nach dem Dezimalpunkt im Resultat sind nur richtig, wenn die beiden Operanden 1.2345 und 1.2344 exakte Zahlen waren. Waren diese auch schon durch Rundungsfehler verfälscht, so ist das Resultat $1.xxxx \times 10^{-4}$, und die mit x bezeichneten Stellen sind nicht bekannt.

Das Resultat hat also einen grossen relativen Fehler.

Bei der Berechnung von $s = \sin \alpha_n$ im Algorithmus 1.1 tritt Auslöschung auf und deshalb konvergiert die Folge nicht. Leicht zu erklären ist, warum n negativ wird. Die grösste darstellbare *integer* Zahl in TURBO PASCAL 6 ist $2^{15} = 32768$. Multipliziert man die Zahl 24576 noch einmal mit 2, wird das erste Bit gesetzt, weil ein *integer* Überlauf eintritt, der nicht als Fehlermeldung angezeigt wird. Dadurch wird die Zahl als negativ interpretiert. Dieser Überlauf der ganzen Zahlen kann vermieden werden, wenn für n eine Variable vom Typus *Longint* statt *integer* verwendet wird.

Um die Auslöschung zu beheben, verwendet man die Identität

$$a - b = \frac{a^2 - b^2}{a + b}$$

für $a = 1$ und $b = \sqrt{1 - \sin^2 \alpha}$ und erhält die stabile Formel

$$\sin\left(\frac{\alpha}{2}\right) = \frac{\sin \alpha}{\sqrt{1 + \sqrt{1 - \sin^2 \alpha}}}.$$

Das Abbruchkriterium lässt sich auch verbessern: Die Epsilontik sollte man, wenn immer möglich, beim Rechnen auf dem Computer vermeiden. Die Folge der Flächen A_n ist monoton wachsend und beschränkt. In einer endlichen Arithmetik kann jedoch A_n nicht für alle n monoton wachsend sein, da es ja nur endlich viele Zahlen gibt. Wir können also die Iteration abbrechen, wenn auf dem Computer zum erstenmal $A_{2n} \leq A_n$ gilt. Dadurch wird das Programm sogar maschinenunabhängig:

Algorithmus 1.2

```
program pistabil;
var a, aneu, s : real; n : Longint;
begin
    s := sqrt(3)/2; aneu := 3 * s; n := 6;
    repeat
        a := aneu;
        s := s/sqrt(2 * (1 + sqrt((1 + s) * (1 - s)))));
        n := 2 * n; aneu := n/2 * s;
```

$$writeln(n:8, aneu:16:10, s:20)$$
until $aneu <= a;$
readln
end.

Mit diesem Algorithmus erhält man jetzt die Werte von Tabelle 1.2. Man bemerkt, dass jetzt die Iteration mit dem bestmöglichen Wert

n	A_n	$\sin \alpha_n$
12	3.0000000000	5.0000000000E-01
24	3.1058285412	2.5881904510E-01
48	3.1326286133	1.3052619222E-01
96	3.1393502030	6.5403129230E-02
192	3.1410319509	3.2719082822E-02
384	3.1414524723	1.6361731626E-02
768	3.1415576079	8.1811396039E-03
1536	3.1415838921	4.0906040262E-03
3072	3.1415904632	2.0453062912E-03
6144	3.1415921060	1.0226536803E-03
12288	3.1415925167	5.1132690701E-04
24576	3.1415926194	2.5566346186E-04
49152	3.1415926450	1.2783173197E-04
98304	3.1415926514	6.3915866118E-05
196608	3.1415926530	3.1957933075E-05
393216	3.1415926534	1.5978966540E-05
786432	3.1415926535	7.9894832701E-06
1572864	3.1415926535	3.9947416351E-06
3145728	3.1415926536	1.9973708175E-06
6291456	3.1415926536	9.9868540877E-07

Tabelle 1.2: stabile Berechnung von π

von π abgebrochen wird. Dies geschieht, ohne dass die Maschinengenauigkeit des Computers benützt wird.

1.3 Stabilität und Kondition

Ein *stabiler Algorithmus* ist ein Algorithmus, der auch in endlicher Arithmetik 'richtig' läuft. Unter 'richtig' meint man dabei, dass die Rundungsfehler den Ablauf nicht zu sehr stören. Der Einfluss der Rundungsfehler kann nach dem Prinzip der *Rückwärtsfehleranalyse* von Wilkinson abgschätzt werden:

> Bei stabilen Algorithmen ist das vom Computer berechnete (durch Rundungsfehler verfälschte) Resultat, das exakte Resultat von leicht geänderten Anfangsdaten.

Beispiel 1.1 *Wenn man zur Auflösung von quadratischen Gleichungen*

$$x^2 + px + q = 0$$

die übliche Formel

$$x_{1,2} = -\frac{p}{2} \pm \sqrt{\left(\frac{p}{2}\right)^2 - q} \tag{1.2}$$

verwendet und $|p| \gg |q|$ *ist, wird eine Lösung ungenau berechnet, weil sie numerischer Auslöschung unterworfen ist. Der Algorithmus wird stabil, wenn man zuerst die betragsmässig grössere Lösung* x_1 *mittels (1.2) und dann* x_2 *aus der Vieta'schen Beziehung durch* $x_2 \doteq q/x_1$ *berechnet. Dies geschieht durch die Anweisungen:*

```
x1 := abs(p/2) + sqrt(sqr(p/2) − q);
if p > 0 then x1 := −x1;
if x1 = 0 then x2 := 0 else x2 := q/x1;
```

Beispiel 1.2 *Die Seite c eines Dreiecks wird mit dem Cosinussatz üblicherweise nach der Formel*

$$c = \sqrt{a^2 + b^2 - 2ab\cos\gamma}$$

berechnet. Diese Formel ist instabil, wenn γ *klein und* $a \approx b$ *ist, weil wieder Auslöschung auftritt. Durch eine einfache goniometrische Umformung (Siehe Aufgabe 1.1) erhält man die algebraisch aequivalente Formel*

$$c = \sqrt{(a - b)^2 + 4ab\sin^2\left(\frac{\gamma}{2}\right)},$$

welche stabil ist.

Stabile Algorithmen nützen nichts, wenn ein Problem schlecht konditioniert ist. Ein Problem hat eine *schlechte Kondition* (ill posed problem), wenn die Lösung sich sehr stark ändert, wenn man die Anfangsdaten wenig stört. Da nach dem Prinzip von Wilkinson das Resultat einer numerischen Rechnung von Rundungsfehlern so verfälscht wird, dass es das exakte Resultat leicht geänderter Anfangsdaten ist, wird man bei schlechter Kondition vom Computer immer Lösungen erhalten, die sehr von der exakten Lösung abweichen.

Beispiel 1.3 *Das Polynom*

$$P(x) = (x - 1)^3 = x^3 - 3x^2 + 3x - 1$$

hat die dreifache Nullstelle $x_1 = x_2 = x_3 = 1$. Das P benachbarte Polynom

$$Q(x) = x^3 - 3.000001x^2 + 3x - 0.999999 \tag{1.3}$$

hat die exakten Nullstellen

$$x_1 = 1, \ x_2 \simeq 1.001414 \ und \ x_3 \simeq 0.998586. \tag{1.4}$$

Die Koeffizienten von P wurden um 10^{-6} gestört, was die Nullstellen um 10^{-3} veränderte. Die Störung wurde damit 1000 mal verstärkt: Die Nullstellen von P sind schlecht konditioniert. Mit den besten Algorithmen kann man auf einem mit 7 Dezimalstellen rechnenden Computer keine besseren Ergebnisse als (1.4) für die Nullstellen von P erwarten. Ein noch drastischeres Beispiel für Polynomnullstellen hat Wilkinson angegeben (siehe Kap. 4).

Es ist übrigens interessant, sich einmal den Graphen einer auf einem Computer berechneten Funktion zu vergegenwärtigen. In Figur 1.3 ist der Graph des Polynoms Q (1.3) für ein kleines Intervall um $x = 1$ herum gezeichnet worden. Man betrachtet die Funktion sozusagen unter dem Mikroskop und sieht deutlich, wie die Rundungsfehler und die endliche Menge der Maschinenzahlen, das uns vertraute Bild einer stetigen Funktion stören. Ferner ist ersichtlich, dass bei $x = 1$ einige Maschinenzahlen als 'Nullstellen' in Frage kommen.

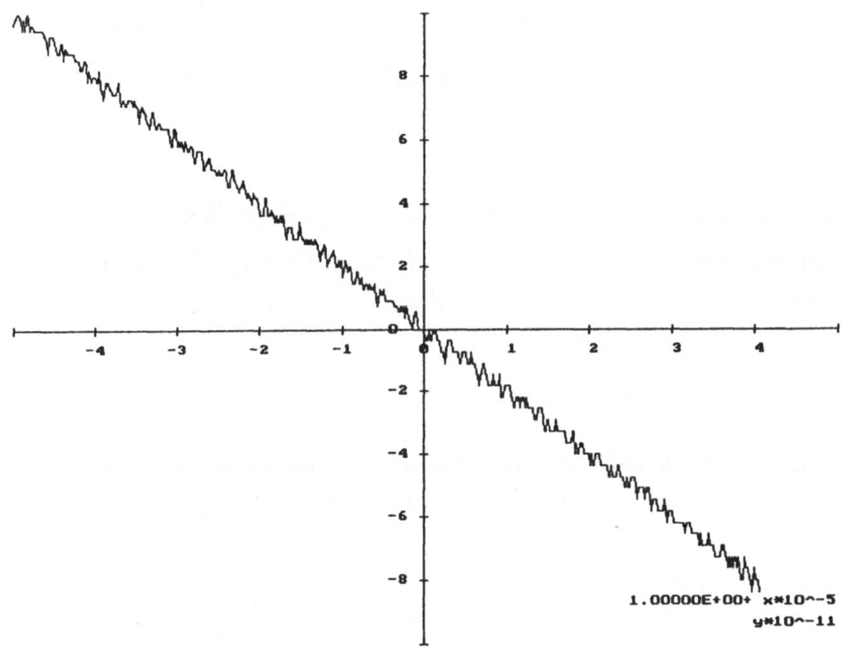

Figur 1.3: Das Polynom Q

Aufgabe 1.1 *Man beweise durch goniometrische Umformungen, dass die beiden Ausdrücke für die Seite c eines Dreiecks von Beispiel 1.2 algebraisch gleichbedeutend sind.*

Aufgabe 1.2 *Gegeben sei die folgende endliche dezimale Arithmetik: Mantisse : 2 Dezimalstellen, Exponent : 1 Dezimalstelle.*

a) *Wieviele normalisierte Maschinenzahlen gibt es ?*

b) *Über- und Unterlaufbereich ?*

c) *Maschinengenauigkeit ?*

d) *Welches ist der grösste (kleinste) Abstand zweier aufeinanderfolgender Maschinenzahlen ?*

Aufgabe 1.3 *Man simuliere auf einem Taschenrechner die in Aufgabe 1.2 definierte Arithmetik, indem nach jeder Operation das Resultat auf 2 Dezimalstellen gerundet wird und löse die folgenden Aufgaben:*

a) *Man löse die quadratische Gleichung*

$$x^2 - 64x + 1 = 0$$

mit der üblichen Formel (1.2) und mit der stabilen Version.

b) *Man berechne die Seite c eines Dreiecks nach dem Cosinussatz und mit der stabilisierten Version davon, wenn $a = 5.6$, $b = 5.7$ und $\gamma = 5°$.*

Man vergleiche die Resultate mit den exakten Lösungen.

Aufgabe 1.4 *Man schreibe ein Programm, mit welchem die Maschinenkonstanten $\tilde{\varepsilon}$, m und M berechnet werden.*

Kapitel 2
Elementare Algorithmen

In diesem Kapitel wollen wir verschiedene kleine Algorithmen programmieren, die wir als 'Bausteine' für kompliziertere Programme verwenden können.

2.1 Quadratische Gleichungen

In diesem Abschnitt wollen wir ein *narrensicheres* Programm schreiben, um eine *quadratische Gleichung* der Form

$$x^2 + px + q = 0 \tag{2.1}$$

zu lösen. Unter narrensicher versteht man folgendes: Für p und q sollen beliebige Maschinenzahlen vorgegeben werden können und das Programm muss die Lösungen x_1 und x_2 berechnen, falls sie im Rechenbereich liegen. Die Aufgabe ist schwieriger, als sie zunächst scheint. Wenn man die Gleichung von Hand löst, benützt man die Formel

$$x_{1,2} = -\frac{p}{2} \pm \sqrt{\left(\frac{p}{2}\right)^2 - q}. \tag{2.2}$$

Diese Formel funktioniert in 2 Fällen numerisch schlecht:

1. Es tritt Auslöschung auf, wenn $|p| >> |q|$ ist.

2. Es kann für grosses $|p|$ einen Überlauf bei der Berechnung von $\left(\frac{p}{2}\right)^2$ geben.

Beispiel 2.1 *Löst man die Gleichung $x^2 - 10^8 x + 1 = 0$ nach der Formel (2.2) auf einem Taschenrechner, so erhält man die Lösungen*

$$x_1 = 10^8 \quad und \quad x_2 = 0.$$

Das sind aber die Lösungen der Gleichung $x^2 - 10^8 x = 0$. Die Lösung x_2 ist falsch wegen numerischer Auslöschung.

Die betragsmässig grössere Lösung x_1 kann mit der Formel (2.2) ohne Auslöschung berechnet werden. Wenn wir anschliessend die zweite Lösung aus der Beziehung von Vieta

$$x_2 = \frac{q}{x_1}$$

berechnen, vermeiden wir die Auslöschung. Wir erhalten somit

$$x1 := abs(p/2) + sqrt(sqr(p/2) - q);$$
$$\textbf{if } p > 0 \textbf{ then } x1 := -x1;$$
$$\textbf{if } x1 = 0 \textbf{ then } x2 := 0 \textbf{ else } x2 := q/x1$$

Bei diesem Vorgehen wird bei Beispiel 2.1 auch auf dem Taschenrechner $x_2 = 10^{-8}$, was viel genauer ist.

Wenn wir annehmen, der Rechenbereich des Computers sei das Intervall $[-10^{37}, 10^{37}]$, so lässt sich die Gleichung

$$x^2 - 10^{20}x + 1 = 0 \tag{2.3}$$

nicht mit der Formel (2.2) lösen, weil $(p/2)^2 = 2.5 \cdot 10^{39}$ ausserhalb des Rechenbereichs liegt. Wenn wir p ausklammern

$$-\frac{p}{2} \pm \sqrt{\left(\frac{p}{2}\right)^2 - q} = -\frac{p}{2} \pm p\sqrt{\frac{1}{4} - \frac{q}{p^2}}$$

und den Quotienten $\frac{q}{p^2}$ als $(q/p)/p$ berechnen, vermeiden wir den Überlauf. Allerdings setzen wir dabei voraus, dass der Computer bei einem eventuellen Unterlauf bei der Berechnung von $(q/p)/p$ die Rechnung mit dem Resultat 0 fortsetzt. Wir erhalten damit das Programm

Algorithmus 2.1

```
program quad;
var p, q, x1, x2, diskr, fak : real;
begin
    writeln('p,q eingeben:'); read(p, q);
    if abs(p) > 1 then
    begin fak := abs(p); diskr := 0.25 - q/p/p end
    else
```

```
  begin fak := 1; diskr := sqr(p/2) − q end;
  if diskr < 0 then
  writeln('Komplexe Loesungen:',−p/2,'+ − i∗',fak ∗ sqrt(−diskr))
  else
  begin
      x1 := abs(p/2) + fak ∗ sqrt(diskr);
      if p > 0 then x1 := −x1;
      if x1 = 0 then x2 := 0 else x2 := q/x1;
      writeln('Reelle Loesungen:',x1, x2)
  end
end.
```

Aufgabe 2.1 *Man schreibe ein Programm, das narrensicher die quadratische Gleichung*

$$ax^2 + bx + c = 0$$

löst. Man beachte auch die Spezialfälle, wenn Koeffizienten null sind!

2.2   Bruchrechnen

In diesem Abschnitt wollen wir ein paar Programme schreiben, mit welchen man ohne Rundungsfehler mit rationalen Zahlen rechnen kann. Eine rationale Zahl wollen wir durch den Datentyp

```
type bruch = record zaehler,nenner: Longint end
```

darstellen. Der Rechenbereich ist durch jenen des *Longint*-Bereichs bestimmt. In TURBO PASCAL 6 können damit ganze Zahlen dargestellt werden die kleiner als 2'147'483'647 sind. Es ist wichtig, dass man nach jeder Operation das Resultat *kürzt*, um damit einen Überlauf möglichst zu vermeiden. Die Prozedur um die beiden Brüche **a** und **b** zu addieren, lautet somit

```
  procedure add(a,b : bruch; var c : bruch);
  begin
      c.zaehler := a.zaehler ∗ b.nenner + b.zaehler ∗ a.nenner;
      c.nenner := a.nenner ∗ b.nenner;
```

```
        kuerzen(c)
  end
```

Ein Bruch wird gekürzt, indem man Zähler und Nenner durch ihren *grössten gemeinsamen Teiler* (ggT) dividiert. Um den ggT von zwei Zahlen a und b zu berechnen, könnte man zuerst die Primfaktorenzerlegung der Zahlen berechnen. Danach multipliziert man alle gemeinsamen Faktoren miteinander und erhält so den ggT.

Beispiel 2.2 *Für $a = 490$ und $b = 364$ lautet die Primfaktorzerlegung*

$$a = 2 \cdot 5 \cdot 7 \cdot 7$$
$$b = 2 \cdot 2 \cdot 7 \cdot 13$$

und somit ist $ggT = 2 \cdot 7 = 14$.

Ein weniger aufwendiges Verfahren beruht auf der folgenden Idee: Wenn wir die Gleichung

$$a = b + (a - b)$$

betrachten, so ist *jeder gemeinsame Teiler von a und b auch ein Teiler der Differenz $(a - b)$*. Zum Beispiel teilt 7 die Zahlen 490 und 364 und daher auch ihre Differenz 126. Dies ist auch für den ggT der Fall. Wenn wir den ggT bestimmen wollen, genügt es also, die beiden Zahlen 126 und 364 zu betrachten. Wenn wir das Verfahren iterieren, erhalten wir den *Euklid'schen Algorithmus*: Man subtrahiert solange, jeweils die kleinere von der grösseren Zahl, bis die beiden Zahlen gleich sind und den ggT darstellen. Das Programm dafür lautet

Algorithmus 2.2

```
        function ggt(a, b : Longint) : Longint;
        begin
            while a <> b do
            if a > b then a := a - b else b := b - a;
            ggt := a
        end
```

Aufgabe 2.2 *Wenn $a \gg b$ ist, arbeitet der Algorithmus 2.2 nicht sehr effizient, da sehr viele Subtraktionen $a - b$ auftreten. Man kann den Rest viel schneller durch eine Division bestimmen. Man schreibe eine entsprechend verbesserte Funktion für den ggT.*

Aufgabe 2.3 *Man schreibe eine Prozedur, um Brüche zu kürzen.*

Aufgabe 2.4 *Man schreibe ein Programm, das die vier Bruchoperationen $\{+, -, \times, /\}$ exakt ausführt. Der Input lautet etwa*

$$4/7 + 12/37 =$$

und als Output soll das Resultat 232/259 ausgedruckt werden.

Aufgabe 2.5 *Man schreibe ein Programm, das alle Primzahlen, die kleiner als 1000 sind, berechnet und ausdruckt.*

Aufgabe 2.6 *Man schreibe ein Programm, welches die Primfaktorenzerlegung einer Zahl berechnet und ausdruckt.*

2.3   Polarkoordinaten

Einen Punkt P in der Ebene kann man in kartesischen oder in Polarkoordinaten beschreiben (siehe Figur 2.1). In Polarkoordinaten wird

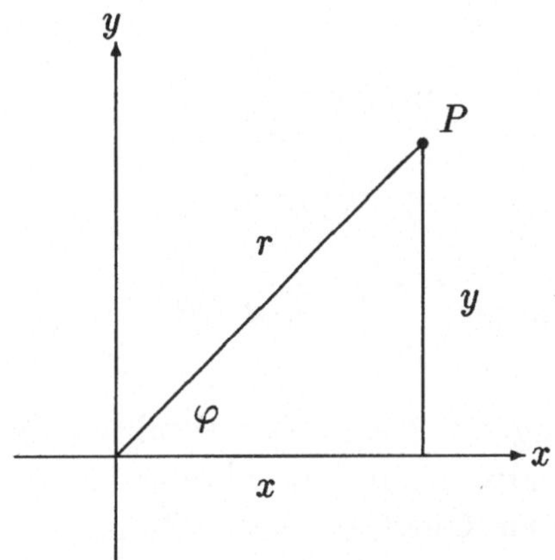

Figur 2.1: Polar- und kartesische Koordinaten

der Punkt durch den *Winkel φ zur x-Achse und seinen Abstand $r \geq 0$*

vom Nullpunkt beschrieben. Wenn φ und r gegeben sind, kann man durch

$$x := r\cos\varphi$$
$$y := r\sin\varphi$$

(2.4)

seine kartesischen Koordinaten berechnen. Die umgekehrte Aufgabe ist schwieriger. Aus den gegebenen Koordinaten x und y berechnet sich r nach dem Satz von Pythagoras durch

$$r = \sqrt{x^2 + y^2}.$$

Wenn wir ein narrensicheres Programm schreiben wollen, ist diese Formel gefährlich, weil bei der Bildung der Quadrate ein Überlauf auftreten kann. Durch Ausklammern von $m = \max\{|x|, |y|\}$ aus der Wurzel, kann diese Gefahr behoben werden:

```
if abs(x) > abs(y) then m := abs(x) else m := abs(y);
r := m * sqrt(sqr(x/m) + sqr(y/m));
```

Für die Bestimmung des Winkels φ steht in vielen Programmiersprachen nur die Funktion arctan zur Verfügung. Wir wollen den gesuchten Winkel durch den Ausdruck

$$\arctan\left(\frac{x}{y}\right)$$

berechnen. Wir führen dazu die Winkel

$$\alpha = \arctan\left(\frac{|x|}{|y|}\right) \quad \text{und} \quad \beta = \frac{\pi}{2} - \alpha$$

des Hilfsdreieck von Figur 2.2 ein. Der Winkel φ liegt in einem Intervall der Länge 2π, entweder in $[-\pi, \pi]$ oder in $[0, 2\pi]$. Wir müssen unterscheiden, in welchem Quadranten der Punkt $P = (x, y)$ liegt.

1. $y > 0$:

   (a) $x > 0$: Erster Quadrant.
   Hier ist der gesuchte Winkel $\varphi = \beta = \frac{\pi}{2} - \arctan\left(\frac{x}{y}\right)$.

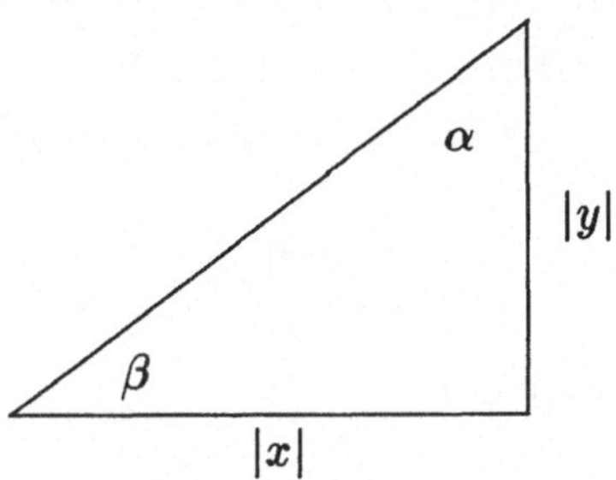

Figur 2.2: Hilfsdreieck

(b) $x < 0$: Zweiter Quadrant.

Hier ist $\varphi > \frac{\pi}{2}$ und $\arctan\left(\frac{x}{y}\right) = -\alpha$. Weil

$$\varphi = \pi - \beta = \pi - (\frac{\pi}{2} - \alpha) = \frac{\pi}{2} - \arctan\left(\frac{x}{y}\right)$$

ist, ergibt sich der gleiche Ausdruck wie im ersten Quadranten.

2. $y < 0$:

(a) $x < 0$: Dritter Quadrant.

Hier ist $\arctan\left(\frac{x}{y}\right) = \arctan\left(\frac{|x|}{|y|}\right) = \alpha$. Es ist

$$\varphi = \beta + \pi = \frac{\pi}{2} - \alpha + \pi = \frac{3\pi}{2} - \alpha.$$

Wir können vom letzten Ausdruck 2π subtrahieren und erhalten

$$\varphi = -\frac{\pi}{2} - \arctan\left(\frac{x}{y}\right).$$

(b) $x > 0$: Vierter Quadrant.

Hier ist wieder $\arctan\left(\frac{x}{y}\right) = -\alpha$ und

$$\varphi = -\beta = -\left(\frac{\pi}{2} - \alpha\right) = -\frac{\pi}{2} - \arctan\left(\frac{x}{y}\right),$$

also der gleiche Ausdruck wie im dritten Quadranten.

Wir sind nun fast fertig und können das Programm schreiben. Wir müssen nur noch verhindern, dass bei der Division x/y ein Überlauf auftritt. Dies ist der Fall, wenn numerisch wegen Unterlauf

$$\frac{y}{m} = 0$$

wird, was gleichbedeutend mit

$$\arctan\left(\frac{x}{y}\right) = \arctan(\infty) = \frac{\pi}{2}$$

ist. Diesen Fall kann man zuerst prüfen. Wir erhalten damit

Algorithmus 2.3

```
    procedure topolar(x, y : real; var r, phi : real);
    var m, pi : real;
    begin
        pi := 4 * arctan(1);
        if abs(x) > abs(y) then m := abs(x) else m := abs(y);
        if m=0 then begin r := 0; phi := 0 end
        else
        begin
            r := m * sqrt(sqr(x/m) + sqr(y/m)) ;
            if y > 0 then phi := pi/2 else phi := -pi/2;
            if y/m=0 then if x >= 0 then phi := 0 else phi := pi
                     else phi := phi - arctan(x/y)
        end
    end
```

Der Algorithmus liefert uns $\varphi \in [-\pi, \pi]$. Wenn man das Intervall $[0, 2\pi]$ vorzieht, kann man als letzte Anweisung

$$\textbf{if } \varphi < 0 \textbf{ then } \varphi := \varphi + 2 * pi$$

hinzufügen.

Aufgabe 2.7 *Die goniometrische Gleichung*

$$a \sin x + b \cos x = c \tag{2.5}$$

kann nach der Hilfswinkelmethode *wie folgt gelöst werden: Man berechnet die Polarkoordinaten des Punktes* (a, b)

$$a = r \cos \varphi$$
$$b = r \sin \varphi$$

und setzt die Ausdrücke in Gleichung (2.5) ein

$$r \cos \varphi \sin x + r \sin \varphi \cos x = c.$$

Nach der Division durch r *und wegen des Additionstheorems für die trigonometrischen Funktionen, erhält man die Gleichung* (φ *ist der Hilfswinkel)*

$$\sin(x + \varphi) = \frac{c}{r}, \tag{2.6}$$

welche nun leicht gelöst werden kann.

Man schreibe ein Programm, welches nach dieser Methode alle Lösungen der Gleichung (2.5) berechnet. Da in PASCAL *die* arcsin-*Funktion nicht vorhanden ist, forme man die Gleichung (2.6) so um, dass die* arctan-*Funktion benützt werden kann.*

2.4 Summen und Reihen

Eine häufig vorkommende Aufgabe ist das Berechnen einer *Summe*:

$$S = \sum_{i=1}^{n} a_i = a_1 + a_2 + \cdots + a_n. \tag{2.7}$$

Wenn man die Partialsummen

$$s_k = \sum_{i=1}^{k} a_i$$

einführt, so kann man diese iterativ berechnen, indem jeweils ein neuer Summand a_k zur letzten Partialsumme dazuaddiert wird:

$$\begin{aligned} s_0 &= 0 \\ s_k &= s_{k-1} + a_k, \quad k = 1, 2, \ldots, n. \end{aligned} \tag{2.8}$$

Es ist $s_n = S$ die gesuchte Summe. Die Gleichung (2.8) ist die Grundlage des nachfolgenden Algorithmus. Weil die Anzahl der Summanden in (2.7) bekannt ist, können wir eine **for**-Schleife verwenden. Wenn wir die alte Partialsumme s_{k-1} durch die neue überschreiben, brauchen wir nur eine Summationsvariable s zu deklarieren:

Algorithmus 2.4
```
        s := 0;
        for k := 1 to n do
        begin
            (* Summand ak := a_k berechnen *)
            s := s + ak ;
        end
```

Beispiel 2.3 *Es soll der Mittelwert von n Zahlen berechnet werden.*

Algorithmus 2.5
```
        program mittel;
        var k, n : integer; s, a : real;
        begin
            writeln('Anzahl Zahlen ?'); read(n);
            s := 0 ;
            for k := 1 to n do
            begin
                writeln('nächster Summand ?'); read(a);
                s := s + a
            end;
            s := s/n ;
            writeln('Mittelwert =',s);
        end.
```

Es ist oft im voraus nicht bekannt, wieviele Summanden einer Summe aufsummiert werden müssen. In einem solchen Fall muss man die **for**-Schleife durch eine **while** oder **repeat**-Anweisung ersetzen. Als wichtigste Anwendung betrachten wir dazu die *Taylorreihe* einer Funktion f. Sei f eine an der Stelle $x = a$ genügend oft differenzierbare

Funktion, dann gilt die *Taylorentwicklung*

$$f(x) = f(a) + \frac{f'(a)}{1!}h + \cdots + \frac{f^{(n)}(a)}{n!}h^n + R_n(a, x), \qquad (2.9)$$

wobei $h = x - a$ ist. Für den Rest gilt die Abschätzung

$$|R_n(x, a)| \leq \frac{|f^{(n+1)}(\xi)|}{(n+1)!}|h|^{n+1}$$

und ξ liegt zwischen a und x.

Wenn die Funktion f unendlich oft differenzierbar ist, konvergiert für $n \to \infty$ und $|x - a| < r$ der Rest gegen 0 und man erhält

$$f(x) = \sum_{i=0}^{\infty} \frac{f^{(i)}(a)}{i!}(x - a)^i, \qquad (2.10)$$

die *Taylorreihe* von f, mit welcher die Funktion für alle x im *Konvergenzradius* r berechnet werden kann. Wählt man speziell $a = 0$, so heisst die Reihe (2.10) *MacLaurinreihe* von f.

Beispiel 2.4 *$f(x) = e^x$ hat die Ableitungen $f^{(n)}(x) = e^x$, also lautet die MacLaurinreihe:*

$$e^x = \sum_{i=0}^{\infty} \frac{x^i}{i!} \qquad (2.11)$$

Man kann zeigen, dass $r = \infty$, also stellt die Reihe (2.11) die Funktion e^x für alle x dar.

Wir wollen ein Programm entwickeln, um die Funktion e^x unter Benützung von (2.11) zu berechnen. Der Summand

$$a_i = \frac{x^i}{i!}$$

kann einfach aus dem vorangehenden Summanden a_{i-1} berechnet werden:

$$a_i = \frac{x}{i}a_{i-1}.$$

Bezeichnen wir mit sn die neue Partialsumme und überschreiben wir die Summanden a_i alle durch a, so erhält man den

Algorithmus 2.6

```
function e(x : real) : real ;
const eps = 1E − 6;
var s, sn, a : real; i : integer;
begin
    sn := 1; a := 1; i := 0;
    repeat
        i := i + 1; s := sn; a := a * x/i;
        sn := s + a
    until abs(a) <= eps;
    e := sn
end
```

Mit diesem Algorithmus erhält man in TURBO PASCAL 6 die Wertetabelle 2.1: Wie man aus der Kolonne des relativen Fehlers sieht,

x	$e(x) = \sum\limits_{i=0}^{n} \dfrac{x^i}{i!}$	$\dfrac{e^x - e(x)}{e^x}$	n
1.0	$2.7182818011E{+}00$	$1.0046900442E{-}08$	10
2.0	$7.3890560703E{+}00$	$3.8698465732E{-}09$	14
5.0	$1.4841315898E{+}02$	$8.0636347587E{-}10$	23
10.0	$2.2026465795E{+}04$	$1.0824186745E{-}11$	37
20.0	$4.8516519541E{+}08$	$-5.0321133360E{-}12$	65
30.0	$1.0686474582E{+}13$	$-1.0480537725E{-}11$	92
40.0	$2.3538526684E{+}17$	$-1.2250486357E{-}11$	119
−1.0	$3.6787946429E{-}01$	$-6.2831326004E{-}08$	10
−2.0	$1.3533530549E{-}01$	$-1.6445768196E{-}07$	14
−5.0	$6.7378670243E{-}03$	$1.1869306934E{-}05$	23
−10.0	$4.5245942039E{-}05$	$3.3918053334E{-}03$	37
−20.0	$-2.1478869979E{-}05$	$1.0421800151E{+}04$	65
−30.0	$-9.9634794561E{-}03$	$1.0647446995E{+}11$	92
−40.0	$2.3685346556E{+}03$	$-5.5751816193E{+}20$	119
−50.0	$-1.5480800585E{+}08$	$8.0263392380E{+}29$	146

Tabelle 2.1: Instabilität bei der Exponentialreihe

scheint der Algorithmus 2.6 für $x < -1$ Schwierigkeiten zu haben. Die

Reihe (2.11) konvergiert theoretisch für alle x, numerisch versagt sie aber für negative Werte. Die Erklärung dafür ist wiederum numerische Auslöschung. Für $x = -20$ ist die Reihe (2.11) eine alternierende Reihe. Die betragsmässig grössten Summanden sind

$$\frac{20^{20}}{20!} = \frac{20^{19}}{19!} \simeq 4.3 \times 10^7.$$

Weil $e^{-20} \simeq 2.06 \times 10^{-9}$ ist, müssen die grossen Partialsummen durch Subtraktionen schliesslich wieder kleiner werden, was nur durch Auslöschung geschehen kann. Um wenigstens *eine* richtige Dezimalstelle zu erhalten, müsste man mit mindestens 16 Dezimalstellen rechnen.

Um zu erreichen, dass der Algorithmus 2.6 auch für negative x richtig funktioniert, kann man die Beziehung

$$e^{-x} = \frac{1}{e^x} \tag{2.12}$$

verwenden, also $s = e^{|x|}$ berechnen und anschliessend **if** $x < 0$ **then** $s := 1/s$ setzen. Für kleines $|x|$ benötigt man nur wenig Summanden, wie aus der Tabelle 2.1 ersichtlich ist. Wir können die Anzahl der Rechenoperationen beträchtlich vermindern, wenn wir zuerst den Wert

$$y = e^z \quad \text{mit} \quad z = \frac{x}{2^m}$$

berechnen. Dabei wird m so gewählt, dass $\frac{|x|}{2^m} < 1$ ist. Anschliessend erhalten wir den gesuchten Wert

$$e^x = \left(\cdots \left((y)^2 \right)^2 \cdots \right)^2$$

durch m-maliges Quadrieren. Dieses Vorgehen verbessert nicht nur die Rechengeschwindigkeit, sondern macht auch die Massnahme (2.12) überflüssig, weil für $-1 \leq x \leq 0$ die Auslöschung nicht schlimm ist.

Wir wollen jetzt noch das Abbruchkriterium verbessern. Die Summanden $a_k = \frac{x^k}{k!}$ konvergieren für festes x sehr schnell gegen 0. Können wir nicht solange aufsummieren, bis numerisch

$$s_k + a_{k+1} = s_k \tag{2.13}$$

gilt? Die Gleichung (2.13) bedeutet, dass es numerisch sinnlos ist, weitere Summanden zur Partialsumme s_k dazuzuaddieren, weil sie zu klein sind, um noch etwas beizutragen. Wenn die Geichung (2.13) gilt, ist

$$|a_{k+1}| < \tilde{\varepsilon} s_k,$$

wobei $\tilde{\varepsilon}$ die Maschinengenauigkeit bedeutet. Wir unterscheiden nun zwei Fälle:

1. $x < 0$: Die Reihe ist *alternierend*, daher gilt

$$e^x - s_k \leq |a_{k+1}| < \tilde{\varepsilon} s_k,$$

   also ist der relative Fehler, den wir mit dem Abbruchkriterium (2.13) begehen

$$\frac{e^x - s_k}{s_k} \leq \tilde{\varepsilon}$$

   genau das, was wir wünschen.

2. $x > 0$: In diesem Fall ist der Fehler

$$e^x - s_k = \sum_{i=k+1}^{\infty} \frac{x^i}{i!} = \frac{x^{k+1}}{(k+1)!} \left(1 + \frac{x}{k+2} + \frac{x^2}{(k+2)(k+3)} + \cdots \right)$$

   und die Klammer auf der rechten Seite ist sicher $\leq e^x$. Somit erhalten wir

$$\frac{e^x - s_k}{e^x} \leq a_{k+1} < \tilde{\varepsilon} s_k < e^x \tilde{\varepsilon},$$

   d.h. für den Bereich $0 \leq x \leq 1$ wird auch hier durch das Abbruchkriterium (2.13) die gewünschte Genauigkeit erreicht.

Man kann sich überlegen, dass die durch das anschliessende Quadrieren verursachten Rundungsfehler einen relativen Fehler $\sim x\tilde{\varepsilon}$ einschleppen, was nicht so schlimm ist. Wir erhalten damit einen schönen Algorithmus, um die Exponentialfunktion maschinenunabhängig bis auf Maschinengenauigkeit zu berechnen:

Algorithmus 2.7

```
      function e(x : real) : real ;
      var s, sn, a, z : real; i, m : integer;
```

```
begin
    m := 0; z := x;
    while abs(z) > 1 do
    begin m := m + 1; z := z/2 end;
    sn := 1; a := 1; i := 0;
    repeat
        i := i + 1; s := sn; a := a * z/i;
        sn := s + a
    until sn=s;
    for i := 1 to m do sn := sqr(sn);
    e := sn
end
```

Wenn wir jetzt nochmals dieselben Werte wie in Tabelle 2.1 berechnen, erhalten wir die Tabelle 2.2. Man sieht, wie jetzt der relative Fehler im ganzen Rechenbereich etwa gleich gross ist. Zudem werden höchstens 16 Summanden der Reihe benötigt.

Aufgabe 2.8 *Man schreibe eine Funktionsprozedur, um das skalare Produkt*

$$s = \mathbf{x}^T\mathbf{y} = \sum_{i=1}^{n} x_i y_i$$

der beiden Vektoren $\mathbf{x}$ *und* $\mathbf{y}$ *zu berechnen.*

Man wende die Funktionsprozedur an, um den Winkel zwischen den Vektoren $\mathbf{x}$ *und* $\mathbf{y}$ *nach der Formel*

$$\cos\alpha = \frac{\mathbf{x}^T\mathbf{y}}{\sqrt{\mathbf{x}^T\mathbf{x}}\,\sqrt{\mathbf{y}^T\mathbf{y}}}$$

zu berechnen.

Aufgabe 2.9 *Es ist*

$$\sum_{i=1}^{\infty} \frac{1}{i^2} = \frac{\pi^2}{6}. \qquad (2.14)$$

Man prüfe diese Gleichung nach, indem die ersten 10'000 Summanden der Reihe addiert werden. Bei der Reihe

$$\sum_{i=1}^{\infty} \frac{1}{i^3}$$

x	$e(x) = \sum\limits_{i=0}^{n} \frac{x^i}{i!}$	$\frac{e^x - e(x)}{e^x}$	n
1.0	$2.7182818285E{+}00$	$0.0000000000E{+}00$	15
2.0	$7.3890560989E{+}00$	$-9.8469378453E{-}13$	15
5.0	$1.4841315910E{+}02$	$6.2752021468E{-}12$	13
10.0	$2.2026465794E{+}04$	$1.4883256775E{-}11$	13
20.0	$4.8516519539E{+}08$	$2.8179834682E{-}11$	13
30.0	$1.0686474581E{+}13$	$1.1977757400E{-}11$	15
40.0	$2.3538526682E{+}17$	$5.7911390051E{-}11$	13
-1.0	$3.6787944117E{-}01$	$0.0000000000E{+}00$	16
-2.0	$1.3533528324E{-}01$	$1.6800768433E{-}12$	16
-5.0	$6.7379469991E{-}03$	$-5.2726946046E{-}12$	13
-10.0	$4.5399929763E{-}05$	$-1.3449859212E{-}11$	13
-20.0	$2.0611536225E{-}09$	$-2.4657054322E{-}11$	13
-30.0	$9.3576229686E{-}14$	$3.6463533935E{-}11$	15
-40.0	$4.2483542555E{-}18$	$-5.0506655831E{-}11$	13
-50.0	$1.9287498478E{-}22$	$7.7885961117E{-}11$	14
-60.0	$8.7565107623E{-}27$	$7.3833277941E{-}11$	15

Tabelle 2.2: Stabile Berechnung der Exponentialfunktion

ist der Wert analytisch nicht bekannt. Man berechne auch hier die Summe der ersten 10'000 Summanden.

Aufgabe 2.10 *Die Folge* $a_n = \ln(\cos\frac{1}{n})$ *lässt sich für* $n > 512$ *auf dem Taschenrechner nicht genau berechnen. Man entwickle die Funktion*

$$f(x) = \ln(\cos(x))$$

in die MacLaurinreihe und konstruiere damit eine einfache Formel für die Berechnung von a_n *auf Taschenrechnergenauigkeit (ca. 10 Dezimalstelllen).*

Aufgabe 2.11 *Man schreibe ein Programm, welches das Argument* α *der Funktion* $\sin\alpha$ *auf das Intervall* $[0°, 90°]$ *reduziert. Beispiel: Für* $\alpha = 1265°$*, soll das Programm den Text*

$$\sin(1265 GRAD) = -\sin(5 GRAD)$$

ausdrucken.

Aufgabe 2.12 *Man schreibe ein Programm zur Berechnung der Funktion* $\sin x$ *mittels der MacLaurinreihe. Da die Reihe alternierend ist, muss man das Argument* x *jeweils auf das Intervall* $[0, \frac{\pi}{2}]$ *(Bogenmass!) reduzieren. Man verwende dazu die Idee von Aufgabe 2.11.*

Aufgabe 2.13 *Man berechne das Integral*

$$I = \int\limits_0^{0.5} \frac{\sin x}{x} dx,$$

indem der Integrand in seine MacLaurinreihe entwickelt und anschliessend die Reihe gliedweise integriert und aufsummmiert wird.

Aufgabe 2.14 *Man schreibe eine Funktionsprozedur, welche die Mac-Laurinreihe der Funktion* $\arctan x$ *berechnet und wende sie an, um* π *nach der Formel*

$$\pi = 24\arctan\frac{1}{8} + 8\arctan\frac{1}{57} + 4\arctan\frac{1}{239} \qquad (2.15)$$

zu berechnen.

Aufgabe 2.15 *Die* Binomialreihe *ist*

$$(1+z)^\alpha = \sum_{i=0}^{\infty} \binom{\alpha}{i} z^i = \binom{\alpha}{0} + \binom{\alpha}{1} z + \binom{\alpha}{2} z^2 + \cdots, \qquad (2.16)$$

wobei der verallgemeinerte Binomialkoeffizient *durch*

$$\binom{\alpha}{i} = \frac{\alpha(\alpha-1)\cdots(\alpha-i+1)}{i!}$$

für beliebiges $\alpha \in \Re$ *definiert ist. Man schreibe ein Programm zur Berechnung der Binomialreihe und wende es an, um das Integral*

$$\int\limits_0^{0.8} \frac{dx}{\sqrt[3]{1+x^2}}$$

zu berechnen. Hinweis: Der Integrand lässt sich für $z = x^2$ *und* $\alpha = -\frac{1}{3}$ *in eine Binomialreihe entwickeln!*

Aufgabe 2.16 *Man schreibe ein Programm, welches die Funktion* $\ln x$ *berechnet und dabei nur die 4 Grundoperationen* $\{+, -, \times, /\}$ *verwendet.*

Hinweis: Man löse die Gleichung $e^y = x$ *mittels des Newtonverfahrens (Siehe Kap. 3) und berechne* e^y *mit dem Algorithmus 2.7.*

2.5 Komplexe Zahlen

In diesem Abschnitt wollen wir Programme für das Rechnen mit komplexen Zahlen schreiben. Es gibt Programmiersprachen (wie z.B. FOR-TRAN), welche komplexe Arithmetik haben. In vielen Fällen kann man aber nur reell rechnen und muss bei komplexen Zahlen entweder die Rechenoperationen durch Prozeduren simulieren oder die ganze Rechnung auf reelle Arithmetik umschreiben.

Eine komplexe Zahl z hat die Gestalt

$$z = a + i \cdot b, \tag{2.17}$$

wobei a und b reelle Zahlen sind und i die *imaginäre Einheit* ist, für die

$$i^2 = -1$$

gilt. Die Gleichung (2.17) ist die *kartesische Darstellung* der komplexen Zahl z. Man nennt a den *Realteil* von z und bezeichnet ihn mit $Re(z)$. Analog ist $Im(z) = b$ der *Imaginärteil* von z. Wenn man die Polarkoordinaten des Punktes (a, b) berechnet:

$$a = r \cos \varphi$$
$$b = r \sin \varphi$$

und die *Euler'sche Relation*

$$e^{i\varphi} = \cos \varphi + i \sin \varphi \tag{2.18}$$

beachtet, erhält man aus (2.17)

$$z = re^{i\varphi} \tag{2.19}$$

die *Exponentialform* einer komplexen Zahl. Gewisse Rechenoperationen lassen sich in der einen Form besser als in der anderen darstellen. Seien

$$a = a_r + ia_i = r_a e^{i\varphi_a}$$
$$b = b_r + ib_i = r_b e^{i\varphi_b}$$

zwei komplexe Zahlen. Die Addition und Subtraktion ist am einfachsten in der kartesischen Darstellung:

$$a \pm b = (a_r \pm b_r) + i(a_i \pm b_i).$$

Multiplikation und Division sind einfacher in der Exponentialform:

$$a \cdot b = (a_r b_r - a_i b_i) + i(a_r b_i + a_i b_r) = (r_a r_b)e^{i(\varphi_a + \varphi_b)}$$

$$\frac{a}{b} = \frac{a_r b_r + a_i b_i}{b_r^2 + b_i^2} + i\frac{a_i b_r - a_r b_i}{b_r^2 + b_i^2} = \frac{r_a}{r_b}e^{i(\varphi_a - \varphi_b)}$$

Benüzt man für die kartesiche Darstellung einer komplexen Zahl die Datenstruktur

type *komplex* = **record** *re, im* : real **end**

so kann für die Multiplikation von a und b die Prozedur

Algorithmus 2.8
```
        procedure mult(a, b : komplex; var c : komplex);
        begin
            c.re := a.re * b.re - a.im * b.im;
            c.im := a.re * b.im + b.re * a.im
        end
```

verwendet werden. Man könnte auch unter Verwendung von *topolar*, Algorithmus 2.3, die Multiplikation durch

Algorithmus 2.9
```
        procedure mult(a, b : komplex; var c : komplex);
        var begin
            topolar(a.re, a.im, ra.phia);
            topolar(b.re, b.im, rb.phib);
            c.re := ra * rb * cos(phia + phib);
            c.im := ra * rb * sin(phia + phib)
        end
```

berechnen. Diese Vorgehen ist aber hier etwas aufwendiger, weil die komplexen Zahlen zuerst in die Exponentialform gebracht werden müssen.

Definition 2.1 *Sei* $z = re^{i\varphi}$. *Unter* $\sqrt[n]{z}$, *der komplexen n-ten Wurzel von z, versteht man die n Zahlen*

$$w_k = \sqrt[n]{r}\, e^{i\frac{\varphi}{n}+k\frac{2\pi i}{n}} \quad k = 0, 1, \ldots, n-1. \tag{2.20}$$

Für $k = 0$ *erhält man* w_0, *den* Hauptwert.

Unter Benützung der Prozedur *topolar* (Algorithmus 2.3) erhält man für die Berechnung des Hauptwertes der Quadratwurzel einer komplexen Zahl:

Algorithmus 2.10

```
    procedure csqrt(a : komplex; var w : komplex );
    var r, phi : real;
    begin
        topolar(a.re, a.im, r, phi);
        r := sqrt(r); phi := phi/2;
        w.re := r * cos(phi); w.im := r * sin(phi)
    end
```

Aufgabe 2.17 *Die Exponentialfunktion* e^x *kann für reelles x durch die Reihe (2.11)*

$$e^x = \sum_{k=0}^{\infty} \frac{x^k}{k!}$$

berechnet werden. Es gilt auch

$$\lim_{n \to \infty} \left(1 + \frac{x}{n}\right)^n = e^x.$$

Man schreibe ein Programm, welches die Euler'sche Relation (2.18) nachprüft. Das Programm soll für

$$\varphi = 0, 0.2, 0.4, \ldots, 3.0$$

die folgende Tabelle berechnen und ausdrucken:

$$\varphi \quad \lim_{n \to \infty} \left(1 + \frac{i\varphi}{n}\right)^n \quad \sum_{k=0}^{\infty} \frac{(i\varphi)^k}{k!} \quad \cos\varphi \quad \sin\varphi.$$

Aufgabe 2.18 *Man schreibe ein Programm, um eine der vier Grundoperationen mit zwei komplexen Zahlen durchzuführen. Man lese dabei zuerst Real- und Imaginärteil des ersten Operanden ein, dann ein Operationszeichen $\{+, -, *, /\}$ und schliesslich den zweiten Operanden.*

Aufgabe 2.19 *Man schreibe ein Programm, das die n-ten Wurzeln w_i einer komplexen Zahl berechnet und ausdruckt. Ferner berechne man als Kontrolle für jede Wurzel w_i^n.*

Aufgabe 2.20 *Die quadratische Gleichung*

$$az^2 + bz + c = 0 \tag{2.21}$$

mit den komplexen Koeffizienten a, b und c hat die beiden Lösungen

$$z_{1,2} = \frac{-b + \sqrt[2]{b^2 - 4ac}}{2a},$$

wobei unter der Wurzel die beiden komplexen Quadratwurzeln gemeint sind. Unter Verwendung der Prozedur csqrt schreibe man ein Programm für die Lösung von (2.21).

Aufgabe 2.21 *Man kann die komplexen Quadratwurzeln einer Zahl $a + ib$ auch ohne die Exponentialform zu verwenden durch den Ansatz*

$$(x + iy)^2 = a + ib$$

berechnen. Multipliziert man aus und vergleicht auf beiden Seiten Real- und Imaginärteil, so erhält man zwei reelle Gleichungen für die Unbekannten x und y. Man schreibe ein Programm, das die Wurzeln auf diese Weise berechnet und verwende es, um die quadratische Gleichung (2.21) zu lösen.

2.6 Matrizenoperationen

Eine Matrix $\mathbf{A}$ ist ein rechteckiges Zahlenschema von m Zeilen und n Kolonnen:

$$\mathbf{A} = \begin{pmatrix} a_{11} & a_{12} & \dots & a_{1n} \\ a_{21} & a_{22} & \dots & a_{2n} \\ \vdots & \vdots & \ddots & \vdots \\ a_{m1} & a_{m2} & \dots & a_{mn} \end{pmatrix} \tag{2.22}$$

Für eine $m \times n$ Matrix $\mathbf{A}$ schreibt man auch $\mathbf{A} \in \Re^{m \times n}$. Wenn $\mathbf{A}$ und $\mathbf{B}$ zwei Matrizen vom gleichen Typ sind, kann man sie addieren, beziehungsweise subtrahieren. Es ist

$$\mathbf{C} = \mathbf{A} \pm \mathbf{B}$$

definiert durch

$$c_{ij} = a_{ij} \pm b_{ij} \quad \text{für} \quad i = 1, 2, \ldots, m \quad \text{und} \quad j = 1, 2, \ldots, n.$$

Die Multiplikation von Matrizen $\mathbf{A} \cdot \mathbf{B}$ ist nicht kommutativ und nur definiert, wenn die Anzahl der Kolonnen von $\mathbf{A}$ gleich der Anzahl der Zeilen von $\mathbf{B}$ ist:

Definition 2.2 *Sei* $\mathbf{A} \in \Re^{m \times n}$ *und* $\mathbf{B} \in \Re^{n \times p}$. *Dann ist* $\mathbf{C} = \mathbf{AB} \in \Re^{m \times p}$ *definiert durch*

$$c_{ij} = \sum_{k=1}^{n} a_{ik} b_{kj} \quad \text{für} \quad i = 1, 2, \ldots, m \quad \text{und} \quad j = 1, 2, \ldots, p. \quad (2.23)$$

Die Gleichung bedeutet, dass das Element c_{ij} das skalare Produkt des i-ten Zeilenvektors von $\mathbf{A}$ mit dem j-ten Kolonnenvektor von $\mathbf{B}$ ist.

Aufgabe 2.22 *Man schreibe Prozeduren, um die Matrizenoperationen* $\mathbf{A} + \mathbf{B}$, $\mathbf{A} - \mathbf{B}$ *und* $\mathbf{AB}$ *durchzuführen.*

Aufgabe 2.23 [*Golub*] *Es seien* $\mathbf{A} = \mathbf{A}_r + i\mathbf{A}_i$ *und* $\mathbf{B} = \mathbf{B}_r + i\mathbf{B}_i$ *zwei komplexe Matrizen. Gesucht ist das Produkt*

$$\mathbf{C} = \mathbf{AB}. \quad (2.24)$$

Wenn man den Ansatz $\mathbf{C} = \mathbf{C}_r + i\mathbf{C}_i$ *macht, in (2.24) ausmultipliziert und Real- und Imaginärteil vergleicht, erhält man*

$$\begin{aligned}
\mathbf{C}_r &= \mathbf{A}_r\mathbf{B}_r - \mathbf{A}_i\mathbf{B}_i \\
\mathbf{C}_i &= \mathbf{A}_r\mathbf{B}_i + \mathbf{A}_i\mathbf{B}_r.
\end{aligned}$$

Es scheint, dass 4 reelle Matrizenmultiplikationen zur Berechnung einer komplexen Matrixmultiplikation nötig sind. Führt man aber die Matrizen

$$\begin{aligned}
\mathbf{S} &= (\mathbf{A}_r + \mathbf{A}_i)(\mathbf{B}_r - \mathbf{B}_i) \\
&= \mathbf{A}_r\mathbf{B}_r - \mathbf{A}_r\mathbf{B}_i + \mathbf{A}_i\mathbf{B}_r - \mathbf{A}_i\mathbf{B}_i \\
\mathbf{T} &= \mathbf{A}_i\mathbf{B}_r \\
\mathbf{U} &= \mathbf{A}_r\mathbf{B}_i
\end{aligned}$$

ein, so ist

$$\mathbf{C}_r = \mathbf{S} - \mathbf{T} + \mathbf{U} \quad und \quad \mathbf{C}_i = \mathbf{T} + \mathbf{U}$$

und man kann damit $\mathbf{C}$ mit nur 3 Matrizenmultiplikationen berechnen. Man schreibe ein Programm für diese Methode.

Aufgabe 2.24 *Beim Lösen von linearen homogenen Differentialgleichungssystemen mit konstanten Koeffizienten*

$$\mathbf{y}' = \mathbf{A}\mathbf{y}$$

wird oft die Exponentialmatrix

$$e^{\mathbf{A}} = \mathbf{I} + \frac{\mathbf{A}}{1!} + \frac{\mathbf{A}^2}{2!} + \cdots$$

benützt. Man schreibe ein Programm, welches die Exponentialmatrix für gegebenes $\mathbf{A}$ berechnet.

Hinweis: Man übernehme den Algorithmus 2.7 und ersetze die Operationen durch Matrizenoperationen. Anstelle des Betrages, verwende man eine Matrixnorm, z.B. die Frobeniusnorm

$$\|\mathbf{A}\| = \sqrt{\sum_{i,j=1}^{n} a_{ij}^2}.$$

Aufgabe 2.25 *Um einen Tisch sitzen 7 Zwerge. Vor jedem steht ein Becher. Einige der Becher enthalten Milch, insgesamt 3 Liter. Einer der Zwerge verteilt seine Milch gleichmässig auf die anderen Becher. Danach tut sein rechter Nachbar dasselbe. Genauso verfährt der nächste rechts herum u.s.w. Nachdem der 7. Zwerg seine Milch verteilt hat, ist in jedem Becher soviel Milch wie anfangs. Wieviel Milch war anfangs in jedem Becher ?*

Diese Aufgabe stammt aus einer deutschen Mathematikolympiade und kann analytisch gelöst werden. Man kann sie aber auch mittels Matrizenrechnung wie folgt lösen: Seien

$$x_1^{(0)}, \ldots, x_7^{(0)} \ \text{die Milchmengen am Anfang}$$

und

$$x_1^{(1)}, \ldots, x_7^{(1)} \ \text{nach dem ersten Ausschank.}$$

Es gilt

$$\mathbf{x}^{(1)} = \mathbf{T}^{(1)}\mathbf{x}^{(0)},$$

wobei

$$\mathbf{T}^{(1)} = \begin{pmatrix} 1/7 & 0 & \cdots & & 0 \\ 1/7 & 1 & 0 & \cdots & 0 \\ 1/7 & 0 & 1 & \ddots & \vdots \\ \vdots & \vdots & \ddots & \ddots & 0 \\ 1/7 & 0 & \cdots & 0 & 1 \end{pmatrix} \tag{2.25}$$

ist. Allgemein wird der i-te Ausschank durch die Transformation

$$\mathbf{x}^{(i)} = \mathbf{T}^{(i)}\mathbf{x}^{(i-1)}$$

beschrieben, wobei $\mathbf{T}^{(i)}$ ähnlich wie $\mathbf{T}^{(1)}$ aussieht: Die Kolonne mit 1/7 ist nun die i-te statt die erste. Für den Endzustand haben wir

$$\mathbf{x}^{(7)} = \underbrace{\mathbf{T}^{(7)}\cdots\mathbf{T}^{(1)}}_{\mathbf{A}}\mathbf{x}^{(0)}$$

und da $\mathbf{x}^{(7)} = \mathbf{x}^{(0)} =: \mathbf{x}$ ist, erhält man das homogene lineare Gleichungssystem

$$(\mathbf{A} - \mathbf{I})\mathbf{x} = \mathbf{0}. \tag{2.26}$$

Man kann zeigen, dass nichttriviale Lösungen existieren. Die Lösung wird eindeutig, wenn wir die Gesamtmilchmenge von 3 Litern berücksichtigen, also die Gleichung

$$x_1 + x_2 + \cdots + x_7 = 3$$

dem System (2.26) zufügen.

Man schreibe ein Programm um die Matrix $\mathbf{A}$ zu berechnen, stelle das Gleichungssystem auf und löse es mittels des Givensverfahrens (siehe Kap. 5) als überbestimmtes Gleichungssystem.

2.7   Mehrfach genaues Rechnen

In diesem Abschnitt wollen wir die Euler'sche Zahl e auf beliebig viele Stellen berechnen. Wir benützen die Taylorreihe für e^x (2.11), setzen

$x = 1$ und erhalten:

$$e = \sum_{k=0}^{\infty} \frac{1}{k!}. \tag{2.27}$$

Mit den Bezeichnungen $a = \frac{1}{k!}$ und s, beziehungsweise sn für die Partialsummen $(sn = s + a)$ erhalten wir

Algorithmus 2.11

```
program e;
var k : integer; s, sn, a : real;
begin
    sn := 2; a := 1; k := 1; (* Initialisierung *)
    repeat
        s := sn; k := k + 1;
        a := a/k; (*neuer Summand *)
        sn := s + a; (* neue Partialsumme *)
    until sn = s;
    writeln('e = ',sn);
    readln
end.
```

Wenn wir diesen Algorithmus in TURBO PASCAL 6 ausführen lassen, erhalten wir das Resultat

$$e = \ 2.7182818285E{+}00.$$

Wenn wir mehr Stellen von e berechnen wollen, müssen wir ein Programm schreiben, welches eine mehrfachgenaue Arithmetik simuliert. Im Algorithmus 2.11 kommen als arithmetische Operationen einzig

$$k := k + 1, \quad a := a/k \quad \text{und} \quad sn := s + a$$

vor. Die Variable k können wir als *integer* Variable stehen lassen, wir werden nicht soviele Stellen von e berechnen, dass k auch mehrfachgenau dargestellt werden muss. Dagegen müssen wir für die Summanden a und die Partialsummen s *mehrfachgenaue* Zahlen benützen. Wir können eine solche Zahl durch den Datentypus

type *megezahl* = **array** [0..n] **of** *integer*

darstellen, wobei in einem array-Element jeweils eine Ziffer abgespeichert wird. Für die Operation $s := s + a$ wird man den Prozeduraufruf $add(a, s, s)$ verwenden, wobei die Prozedur add durch

```
procedure add(var a, b, res : megezahl );
var i : integer;
begin
    for i := 1 to n do res[i] := a[i] + b[i];
    (* Überträge nachführen *)
    for i := n downto 1 do
    while res[i] >= 10 do
    begin
        res[i] := res[i] - 10; res[i - 1] := res[i - 1] + 1 ;
    end
end
```

definiert ist. Man muss beim Nachführen der Überträge in Kauf nehmen, dass eventuell ein Überlauf stattfindet. Deswegen wurde die Indizierung des arrays mit 0 begonnen.

Um Speicherplatz zu sparen, kann man *dichter* packen, d.h. in einem array-Element nicht nur *eine*, sondern m Dezimalziffern abspeichern. Es ist klar, dass m dem Integer-Bereich des betreffenden Computers so angepasst werden muss, dass bei der Operation $res[i] := a[i] + b[i]$ und beim Teilen $rest := (rest \bmod k) * c + a[i+1]$ kein Überlauf staffinden kann. In TURBO PASCAL 6 kann die Packungsdichte erhöht werden, wenn mit dem Typus *Longint* statt *integer* gerechnet wird.

Die Berechnung des Übertrags wird man nach verschiedenen Operationen durchführen wollen, also lohnt es sich, dafür eine Prozedur zu schreiben. Der Übertrag muss dann stattfinden, wenn $a_i \geq c := 10^m$ ist.

Algorithmus 2.12

```
procedure uebertrag(n, c : integer; var a : megezahl);
var i : integer;
begin
    for i := n downto 1 do
    while a[i] >= c do
```

```
      begin
          a[i] := a[i] − c; a[i − 1] := a[i − 1] + 1
      end
  end
```

Die Anweisung $a := a/k$ im Algorithmus 2.11 müssen wir durch eine Prozedur ersetzen, welche eine mehrfachgenaue Zahl **a** durch eine *integer* Zahl k teilt. Man geht dabei so vor, wie wenn man die Division von Hand durchführen würde. Man beginnt mit der ersten Ziffer oder Gruppe von Ziffern, welche man durch k teilt und erhält dadurch die erste Ziffer des Resultats. Häufig weisen die mehrfachgenauen Zahlen führende Nullen auf und man kann Rechenzeit sparen, wenn man nicht mit ihnen rechnet. Es ist bequem, sich durch einen Indexwert *imin* zu merken, wo die letzte führende Null ist:

$$\mathbf{a} = (a[0], \ldots, a[imin], a[imin + 1], \ldots, a[n]),$$

wobei $a[0] = a[1] = \cdots = a[imin] = 0$ ist. In der nachfolgenden Prozedur *teil* wird **a** durch **a**/k überschrieben und der Index *imin* wird nachgeführt. Man erhält

Algorithmus 2.13

```
      procedure teil(n, c : integer; var imin : integer;
                     k : integer; var a : megezahl);
      var rest, i : integer; null : boolean;
      begin
          null := true ; rest := a[imin];
          for i := imin to n − 1 do
          begin
              a[i] := rest div k; rest := (rest mod k) * c + a[i + 1];
              if null then
                  if a[i] = 0 then imin := i else null := false;
          end;
          a[n] := rest div k
      end
```

Die Variable *imin* kann auch für das Abbruchkriterium gebraucht werden. Wir brechen die Summation ab, wenn der Summand **a** aus lauter

Nullen besteht. Damit sparen wir uns die Variable sn, welche im Algorithmus 2.11 verwendet wird. Nun können wir das ganze Programm zusammenstellen:

Algorithmus 2.14

```
program emege;
const n=30; m=2;
(* m ist die Pakungsdichte = Anz. Dezimalstellen pro Wort *)
(* Es werden m × n Stellen von e berechnet *)
type megezahl = array [0..n] of integer ;
var a, s : megezahl; i, imin, c, k : integer;

procedure add(n, imin : integer; var a, b, res : megezahl);
var i : integer;
begin
   for i := imin to n do res[i] := a[i] + b[i]
end;

procedure uebertrag(n, c : integer; var a : megezahl);
⋮ (* hier Algorithmus 2.12 einsetzen*)

procedure teil(n, c : integer; var imin : integer;
             k : integer; var a : megezahl);
⋮ (* hier Algorithmus 2.13 einsetzen *)

begin
   c := 1; for i := 1 to m do c := c * 10;
   for i := 0 to n do
   begin a[i] := 0; s[i] := 0 end;
   (* Initialisierung *)
   s[1] := 2; a[1] := 1; k := 1; imin := 0;
   repeat
      k := k + 1;
      teil(n, c, imin, k, a); (* neuer Summand *)
      add(n, imin, s, a, s) ; (* neue Partialsumme *)
      uebertrag(n, c, s);
```

> **until** *imin* $= n - 1$;
> **for** $i := 0$ **to** n **do** *write*$(s[i] : m)$;
> *readln*
> **end**.

Wenn m nicht zu gross gewählt wird, kann man den Übertrag nur *einmal* vor dem Ausdrucken des Resultats vornehmen. Man verkürzt dadurch die Rechenzeit beträchtlich. Als Resultat des Algorithmus 2.14 erhält man:

0 2718281828459 4523536 28747135266249775724793 6999595749645

Die Lücken sind als Nullen zu interpretieren! (Siehe Aufgabe 2.26).

Aufgabe 2.26 *Man berechne mittels Algorithmus 2.14 1'000 Dezimalstellen von e. Man verbessere den Output so, dass, wenn a[i] < $c = 10^m$ ist, keine Lücke, sondern entsprechend viele Nullen gedruckt werden. Ferner drucke man eine schöne Tabelle z.B. 80 Ziffern pro Zeile.*

Aufgabe 2.27 *Man berechne eine Tabelle der Potenzen von 2:*

$$2^i, \quad i = 1, 2, \ldots, 300$$

Aufgabe 2.28 *Man schreibe ein Programm, welches n! für beliebig grosses n exakt berechnet.*

Aufgabe 2.29 *Man berechne π auf 1000 Stellen. Hinweis: Man verwende die Reihe der Funktion arctan und die Gleichung (2.15).*

Aufgabe 2.30 *Viele Leser haben in der Schulzeit noch ein Rechenverfahren kennengelernt, um die Quadratwurzel einer gegebenen Zahl von Hand zu berechnen. Dieser Algorithmus soll hier programmiert werden.*

Theorie dazu: Sei a der Radikand und w eine Näherung für die Wurzel mit $w^2 < a$. Gesucht wird eine Korrektur z so, dass

$$a = (w + z)^2$$

gilt, d.h.

$$rest = a - w^2 = 2wz + z^2 = (2w + z)z.$$

Falls nun $2w \gg z$ ist, so lässt sich die Korrektur z näherungsweise durch

$$z = \frac{a - w^2}{2w} \qquad (2.28)$$

schätzen. Beim Handrechnen besteht die Korrektur nur aus einer einzigen neuen Ziffer von w. Das folgende Beispiel diene als Illustration:

$$
\begin{array}{llllll}
\sqrt{2}\ 1\ 4\ 3\ 6\ 9 & = & 463 \\
\underline{1\ 6} \\
\quad 5\ 4\ 3 & : & (80 + 6)6 \\
\quad 5\ 1\ 6 \\
\quad \underline{} \\
\quad\quad 2\ 7\ 6\ 9 & : & (920 + 3)3 \\
\quad\quad 2\ 7\ 6\ 9 \\
\quad\quad \underline{} \\
\quad\quad\quad 0
\end{array}
$$

Betrachten wir bei diesem Beispiel den zweiten Iterationsschritt, d.h. wie wir die Ziffer $z = 6$ der Wurzel erhalten. Der bisherige Näherungswert der Wurzel ist $w = 4$ und der Rest $r = 21 - 16 = 5$. Nach der Gleichung (2.28) ergibt sich die nächste Stelle durch Division des Restes durch $2w$. Da aber an den Rest r die beiden nächsten Stellen des Radikanden zugefügt werden, rechnet man

$$r := r * 100 + 4 * 10 + 3 = 543.$$

Dieser Rest muss durch $20 * w = 80$ geteilt werden. Man erhält als Schätzung für die nächste Ziffer $z = 6$. Für den neuen Rest wird die Ziffer an $20 * w$ angefügt, d.h. man rechnet

$$(20 * w + z)z = 516$$

und erhält damit

$$r_{neu} = r - (20 * w + z)z = 543 - 516 = 27.$$

Es kann vorkommen, dass der Rest r_{neu} negativ wird. In diesem Fall wurde z zu gross geschätzt und man probiert mit $z := z - 1$.

Wenn $a[k]$, $a[k + 1]$ die nächsten Ziffern des Radikanden bedeuten und die Ziffer der Wurzel in $w[l]$ gespeichert wird, kann ein Iterationsschritt wie folgt zusammengefasst werden:

$$rest := rest * 100 + a[k] * 10 + a[k+1];$$
$$k := k + 2; \; zweia := 20 * wurzel;$$
$$ziffer := rest \; \textbf{div} \; zweia;$$
$$hilf := (zweia + ziffer) * ziffer;$$
$$\textbf{while} \; rest < hilf \; \textbf{do}$$
$$\textbf{begin}$$
$$\quad ziffer := ziffer - 1;$$
$$\quad hilf := (zweia + ziffer) * ziffer$$
$$\textbf{end};$$
$$rest := rest - hilf; \; l := l + 1; \; w[l] := ziffer;$$

Dieses Programmstück bildet den Kern des zu erstellenden Programms. Die Variabeln $a, hilf, rest, wurzel$ und $zweia$ sind mehrfach-genaue Zahlen. Die Variable $ziffer$ ist aber nur eine integer Zahl. Für alle Operationen sind entsprechende Prozeduren zu programmieren.

Kapitel 3
Nichtlineare Gleichungen

Viele Probleme lassen sich mathematisch als Gleichungen formulieren. In diesem Kapitel wollen wir Verfahren betrachten, mit denen *eine* nichtlineare Gleichung mit *einer* Unbekannten auf dem Computer gelöst werden kann. Als Einführungsbeispiel nehmen wir folgende Aufgabe:

Aufgabe 3.1 *Von einem rechtwinkligen Dreieck kennt man den Flächeninhalt F und den einen Hypotenusenabschnitt p (Siehe Figur 3.1). Man berechne die Seiten des Dreiecks.*

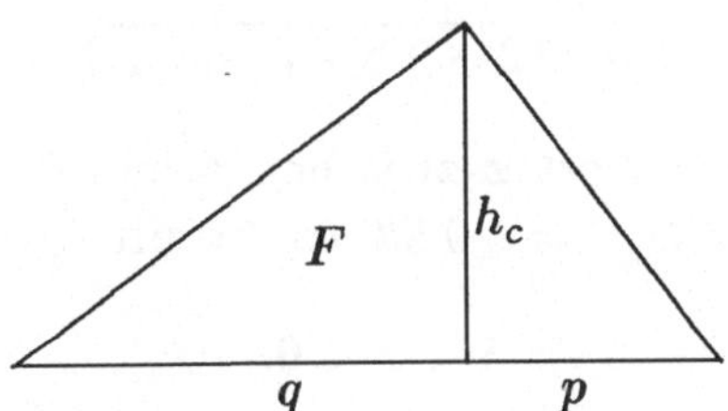

Figur 3.1: Dreiecksaufgabe

Für die Lösung der Aufgabe 3.1 verwendet man den zweiten Hypotenusenabschnitt q und die Höhe h_c. Es gilt der Höhensatz:

$$h_c^2 = pq \tag{3.1}$$

und wegen $c = p + q$ und $F = \frac{1}{2}ch_c$ ist

$$F = \frac{p+q}{2}\sqrt{pq}. \tag{3.2}$$

In der Gleichung (3.2), welche übrigens bedeutet, dass der Flächeninhalt eines rechtwinkligen Dreiecks gleich dem arithmetischen- mal dem geometrischen Mittel der beiden Hypotenusenabschnitte ist, ist nur noch q unbekannt, wir haben somit eine nichtlineare Gleichung zu lösen.

Wenn wir etwa als Zahlenbeispiel die Werte $F = 12$ und $p = 2$ verwenden, so ergibt Gleichung (3.2)

$$12 = \frac{2+q}{2}\sqrt{2q}. \tag{3.3}$$

Wir wählen die traditionelle Schreibweise für die Unbekannte und setzen $x := q$ und betrachten die Funktion

$$f(x) = \frac{2+x}{2}\sqrt{2x} - 12.$$

Unsere Aufgabe ist es, eine Nullstelle von f zu bestimmen. Eine kleine Wertetabelle liefert uns

x	0	1	2	4	6
$f(x)$	-12	-9.8	-8	-3.5	1.8

also liegt der gesuchte Wert x zwischen 4 und 6. Probieren wir mit $x = 5$ so erhalten wir $f(x) = -0.93$, somit gilt

$$5 < x < 6.$$

Für $x = 5.5$ ist $f(x) = 0.4$, also

$$5 < x < 5.5,$$

und für $x = 5.25$ ist $f(x) = -0.25$, somit

$$5.25 < x < 5.5.$$

Wir können den Prozess solange weiterführen, bis wir x auf eine gewünschte Genauigkeit bestimmt haben.

3.1   Der Bisektionsalgorithmus

Was im Einführungsbeispiel durchgerechnet wurde, kann systematisch zu einem Verfahren ausgebaut werden, mit welchem man einfache Nullstellen einer Funktion $f(x)$ berechnen kann.

Sei also $f(x)$ eine im Intervall $[a, b]$ stetige Funktion, und es gelte $f(a) < 0$ und $f(b) > 0$, dann gibt es nach dem Zwischenwertsatz mindestens ein $s \in (a, b)$ mit $f(s) = 0$. Durch Halbieren des Intervalls gewinnen wir kleinere Schranken, die s einschliessen:

Algorithmus 3.1

> (∗ *Bisektionsalgorithmus erste Version* ∗)
> $x := (a + b)/2;$
> **while** $(b - a) > \varepsilon$ **do**
> **begin**
>   **if** $f(x) > 0$ **then** $b := x$ **else** $a := x;$
> $x := (a + b)/2$
> **end**

Hier wird solange iteriert (d.h der Halbierungsprozess fortgesetzt), wie die Intervallänge $b-a$ grösser als eine vorgegeben Schranke ε ist. Wenn wir die Werte nach jeder Halbierung ausdrucken, so ergeben sich in unserem Fall für $a = 5$, $b = 6$ und $\varepsilon = 1E - 5$ die Werte von Tabelle 3.1. In 17 Schritten wurde hier die gesuchte Nullstelle $x = 5.34229\ldots$ auf 5 Stellen nach dem Dezimalpunkt berechnet.

Mit diesem Bisektionsalgorithmus wird *eine* Nullstelle der Funktion f berechnet. Häufig hat aber ein Problem mehrere Lösungen und eine Funktion entsprechend mehrere Nullstellen. Es ist daher nötig, ihre Anzahl durch eine Diskussion von f zu bestimmen. Bei unserer Aufgabe 3.1 ist

$$f(x) = \frac{2 + x}{2}\sqrt{2x} - 12$$

nur definiert für $x \geq 0$, was vom Problem her sinnvoll ist. Ferner ist

$$f'(x) = \frac{1}{2}\sqrt{2x} + \frac{2 + x}{2}\frac{1}{\sqrt{2x}},$$

also ist $f'(x) > 0$ für $x > 0$. Die Funktion f ist damit monoton steigend und besitzt wegen $f(0) = -12$ nur die eine Nullstelle bei $x \approx 5.34$. Noch vor noch nicht allzulanger Zeit hätte man die Gleichung (3.3) nicht so stehen gelassen, sondern 'vereinfacht' durch Quadrieren, damit die Wurzel verschwände. Als Resultat hätte man ein Polynom 3. Grades erhalten und eine der drei Nullstellen davon wäre die gesuchte

a	x	b
5.00000000	5.50000000	6.00000000
5.00000000	5.25000000	5.50000000
5.25000000	5.37500000	5.50000000
5.25000000	5.31250000	5.37500000
5.31250000	5.34375000	5.37500000
5.31250000	5.32812500	5.34375000
5.32812500	5.33593750	5.34375000
5.33593750	5.33984375	5.34375000
5.33984375	5.34179688	5.34375000
5.34179688	5.34277344	5.34375000
5.34179688	5.34228516	5.34277344
5.34228516	5.34252930	5.34277344
5.34228516	5.34240723	5.34252930
5.34228516	5.34234619	5.34240723
5.34228516	5.34231567	5.34234619
5.34228516	5.34230042	5.34231567
5.34228516	5.34229279	5.34230042
5.34229279	5.34229660	5.34230042

Tabelle 3.1: Bisektion

Lösung gewesen. Durch Quadrieren schleppt man eben unnötigerweise
Lösungen ein, die dann später (vielleicht mühsam) wieder eliminiert
werden müssen. Es ist daher oft besser, die Wurzeln, die dem Computer nicht viel Mühe bereiten, stehen zu lassen.

Konvergenzgeschwindigkeit und Abbruchkriterium

Wir fragen uns, wieviele Bisektionsschritte nötig sind, um die Nullstelle
auf eine gewisse vorgegebene Genauigkeit zu berechnen. Sei

$$a_1 := a \leq s \leq b =: b_1$$

Nach n Halbierungen gilt

$$a_n \leq s \leq b_n$$

wobei

$$b_n - a_n = \frac{b - a}{2^n}$$

ist. Falls der Fehler $|x_n - s| < \varepsilon$ sein soll, kann das durch die Wahl von n wie folgt geschehen:

$$x_n = \frac{a_n + b_n}{2}$$

$$\Rightarrow |x_n - s| < b_n - a_n = \frac{b - a}{2^n} < \varepsilon$$

und daraus folgt

$$n > \ln\left(\frac{b - a}{\varepsilon}\right) / \ln 2 \tag{3.4}$$

In unserem Beispiel war $a = 5$, $b = 6$ und $\varepsilon = 10^{-5}$, somit

$$n > \ln(10^5)/\ln 2 = 16.6$$

d.h. also $n = 17$ in guter Übereinstimmung mit den Iterationswerten von Tabelle 3.1. Der Fehler wird mit jedem Schritt *halbiert*, d.h. er strebt gegen 0 wie eine geometrische Folge mit dem Quotienten $\frac{1}{2}$:

$$|x_n - s| \approx c\left(\frac{1}{2}\right)^n. \tag{3.5}$$

Damit der Fehler auf den 10. Teil reduziert wird, muss man 3 bis 4 Iterationsschritte ausführen, denn

$$\left(\tfrac{1}{2}\right)^3 = \tfrac{1}{8} > \tfrac{1}{10} > \left(\tfrac{1}{2}\right)^4 = \tfrac{1}{16}.$$

Nach jeweils drei bis vier Iterationsschritten erhält man also eine neue Dezimalstelle des Resultats oder anders ausgedrückt:

> *Pro Schritt wird eine Dualstelle der Lösung berechnet.*

Die Wahl von ε im Abbruchkriterium ist nicht ganz unproblematisch. Auf einem Taschenrechner, der mit 12 Dezimalstellen rechnet, würde der Bisektionsalgorithmus 3.1 mit $\varepsilon = 1E - 20$ eine unendliche Schleife ergeben und den Iterationsprozess nie abbrechen. Der Grund dafür ist folgender: Nach einigen Halbierungen erhält man für unser Beispiel die Werte:

$$a_n = 5.34229982195$$
$$b_n = 5.34229982200$$

Nun ist $b - a = 5E - 11$ also $> \varepsilon = 1E - 20$. Somit muss weiter halbiert werden. Es wäre

$$a_n + b_n = 10.68459964395.$$

Da aber der Computer nur 12 stellig rechnet, wird

$$a_n + b_n = 10.6845996440 \quad \text{(korrekt gerundet)}$$

und damit

$$x = \frac{a_n + b_n}{2} = 5.34229982200 = b_n.$$

Das Rechnen mit einer begrenzten Anzahl Stellen bewirkt, dass auf dem Computer seltsame Rechenregeln gelten: *das arithmetische Mittel von zwei ungleichen Zahlen $a_n < b_n$ ist gleich der grösseren*. Deswegen ist es klar, dass das Abbruchkriterium nie erfüllt werden kann, denn von jetzt an kann das Intervall nicht mehr weiter verkleinert werden. Die Wahl von $\varepsilon = 1E - 20$ war somit unrealistisch. ε muss der Genauigkeit des Computers angepasst werden. Nicht nur das: die Computerzahlen weisen nicht überall die gleichen Abstände auf. Zum Beispiel beträgt der Abstand bei einem 12 stelligen Taschenrechner wegen der Fliesskommadarstellung bei 10^{80} zwischen zwei Zahlen ca. 10^{69}. Also wäre bei einer Gleichung mit einer so grossen Lösung ein ε von 10^{70} angebracht.

Wir versuchen nun den Spiess umzudrehen: Warum nicht solange iterieren, als das Intervall noch verkleinert werden kann ? Die Iteration muss abgebrochen werden, wenn es keine Maschinenzahl mehr im Intervall (a, b) gibt. Wenn dann wie in unserem Beispiel

$$x = b_n = 5.34229982200$$

ist, haben wir das bestmöglichste Resultat auf dem 12-stelligen Computer erreicht.

Algorithmus 3.2

```
(*Bisektion mit maschinenunabhängigem *)
(*Abbruchkriterium es wird angenommen, *)
(*dass f(a) < 0 und f(b) ≥ 0 ist *)
x := (a + b)/2;
while (a < x) and (x < b) do
begin
    if f(x) > 0 then b := x else a := x;
    x := (a + b)/2;
end
```

Das Schöne am Algorithmus 3.2 ist, dass wir von den Rundungsfehlern Gebrauch machen: Dank den Rundungsfehlern bricht er ab, und wir erhalten das bestmögliche Resultat auf dem betreffenden Computer, ohne dass wir die Anzahl der Stellen, mit denen er rechnet, kennen müssen.

Unendliche Schleifen können bei *unausgeglichener Arithmetik* auftreten. Viele Computer rechnen in den Registern genauer, als sie Zahlen abspeichern können. Je nach dem verwendeten Compiler kann es vorkommen, dass $a < x < b$ gilt, weil die Werte der Variabeln a, b und x aus den Registern geholt werden. Werden diese jedoch aus dem Speicher geholt, was erzwungen werden kann indem die Register geleert werden (z.B. durch eine Ausgabeanweisung), dann gilt plötzlich $x = b$, weil die Stellenzahl kleiner ist. Bei solchen unausgeglichenen Arithmetiken kann der Verlauf eines Programms durch einen Druckbefehl verändert werden, was nicht akzeptabel ist. Wir sollten uns gegen diese scheinbar 'genauer' rechnenden Computer wehren. Durch Rechnen in doppelter Genauigkeit kann oft die Arithmetik ausgeglichen werden.

Aufgabe 3.2 *Man schreibe ein Programm zur Lösung von Gleichungen mittels Bisektion. Man modifiziere dabei Algorithmus 3.2 so, dass er auch funktioniert, wenn $f(a) > 0$ und $f(b) \leq 0$ ist.*

Aufgabe 3.3 *Wie kann man mittels des Bisektionsalgorithmus die Mantissenlänge eines Computers bestimmen? Man gebe ein Programm dafür an.*

Aufgabe 3.4 *Man löse die Gleichungen*

$$a) \quad x^x = 50 \qquad b) \quad \ln(x) = \cos(x) \qquad c) \quad x + e^x = 0$$

Aufgabe 3.5 *Eine Geiss weidet auf einer kreisförmigen Wiese vom Radius r. Der Bauer bindet sie am Rande an einem Pflock an. Man bestimme die Schnurlänge R so, dass die Geiss gerade die Hälfte des Weideplatzes abgrasen kann. Man stelle eine Gleichung für das Verhältnis $x = R/r$ auf und löse sie mittels des Bisektionsalgorithmus.*

Aufgabe 3.6 *Man bestimme x so, dass*

$$\int_0^x e^{-t^2}\, dt = 0.5$$

ist. Hinweis: Da das Integral analytisch nicht berechnet werden kann, entwickle man den Integranden in seine MacLaurinreihe, integriere gliedweise und suche mittels Bisektion die Nullstelle der entstehenden Potenzreihe.

Aufgabe 3.7 *Binärer Suchprozess: Gegeben sei eine sortierte Zahlenfolge:*

$$x_1 \le x_2 \le \cdots \le x_n$$

und eine neue Zahl z. Man schreibe ein Programm, das einen Index i bestimmt so, dass entweder $x_{i-1} < z \le x_i$ oder $i = 1$ oder $i = n+1$ gilt. Diese Aufgabe kann gelöst werden, wenn man die Funktion

$$f(i) = x_i - z$$

betrachtet und deren 'Nullstelle' mittels Bisektion sucht.

Aufgabe 3.8 *Man bestimme x so, dass das folgende Maximum angenommen wird:*

$$\max_{0 < x < \frac{\pi}{2}} \left(\frac{1}{4\sin x} + \frac{\sin x}{2x} - \frac{\cos x}{4x} \right)$$

3.2 Iteration

Beim Bisektionsverfahren wurden mit jeder neuen Halbierung aus bekannten Schranken für die Lösung neue bessere Schranken berechnet. Ganz allgemein versteht man unter einer *Iteration einen Rechenvorgang, der sich ständig wiederholt und bei dem in jedem Iterationsschritt eine Näherung einer gesuchten Grösse verbessert wird.* Beim Problem, eine Nullstelle einer Funktion zu berechnen, ist Iteration das natürliche Vorgehen.

Sei f eine auf einem Intervall $[a, b]$ definierte stetige Funktion und sei $s \in [a, b]$ eine Nullstelle, d.h. eine Lösung der Gleichung

$$f(x) = 0. \tag{3.6}$$

Durch Umformen der Gleichung (3.6) bringen wir sie auf eine *Iterationsform*

$$x = F(x). \tag{3.7}$$

Ist s eine Lösung von (3.6) d.h. $f(s) = 0$, so ist s auch eine Lösung von (3.7), d.h. $s = F(s)$. Ist nun x_0 eine Näherung für s, und setzen wir x_0 in die rechte Seite von (3.7) ein, so erhalten wir

$$x_1 = F(x_0).$$

Falls nun x_1 näher bei s liegt als x_0, so berechnet man die Folge $\{x_n\}$

$$x_{k+1} = F(x_k), \tag{3.8}$$

welche eventuell gegen s konvergiert. Die durch (3.8) definierte Rechenvorschrift nennt man *Iterationsalgorithmus* und s ist ein *Fixpunkt* der Iteration. Beim Programmieren von (3.8) muss natürlich nicht die ganze Folge $\{x_k\}$ abgespeichert werden. Es genügt, die beiden letzten Näherungen zu speichern und die Iteration dann abzubrechen, wenn beide auf eine vorgegebene Genauigkeit übereinstimmen.

Algorithmus 3.3

```
       (* Iterationsalgorithmus *)
       read(x1); (* Startwert *)
       repeat
```

$$x0 := x1;$$
$$x1 := F(x0);$$
$$\textbf{until } abs(x1 - x0) < \varepsilon;$$

Bei unserer Aufgabe 3.1 war

$$f(x) = \frac{2+x}{2}\sqrt{2x} - 12 = 0.$$

Wir können diese Gleichung umschreiben als

$$x = \frac{24}{\sqrt{2x}} - 2 =: F(x). \tag{3.9}$$

Versuchen wir nun mittels Gleichung (3.9) zu iterieren und starten die Iteration mit $x_0 = 5$, so erhält man die Folge in Tabelle 3.2. Die Folge

k	x_k	k	x_k	k	x_k
0	5.000000	15	5.343568	30	5.342295
1	5.589466	16	5.341428	31	5.342303
2	5.178126	17	5.342899	32	5.342298
3	5.457786	18	5.341888	33	5.342301
4	5.264203	19	5.342583	34	5.342299
5	5.396562	20	5.342105	35	5.342301
6	5.305293	21	5.342433	36	5.342299
7	5.367863	22	5.342208	37	5.342300
8	5.324796	23	5.342363	38	5.342300
9	5.354358	24	5.342256	39	5.342300
10	5.334028	25	5.342330	40	5.342300
11	5.347991	26	5.342279	41	5.342300
12	5.338392	27	5.342314	42	5.342300
13	5.344987	28	5.342290	43	5.342300
14	5.340454	29	5.342306	44	5.342300

Tabelle 3.2: konvergente Folge

(3.2) konvergiert offensichtlich gegen die Lösung $s = 5.342300$. Jedoch ist die Konvergenz langsam, sogar langsamer als bei der Folge von

Tabelle 3.1, die wir mit der Bisektion erhalten haben. Bevor wir auf die Konvergenzgeschwindigkeit eingehen, geben wir eine geometrische Deutung der Iteration(3.8). Wir zeichnen die Funktion $F(x)$ und die Gerade $y = x$ in einem Koordinatensystem auf (Siehe Figur 3.2).

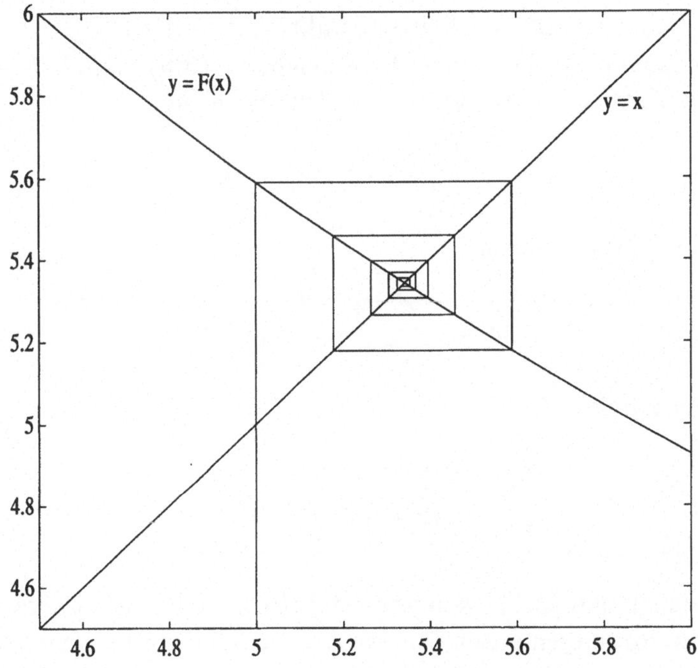

Figur 3.2: $x = F(x)$

Die Schnittpunkte der beiden Graphen sind die gesuchten Lösungen s der Gleichung $x = F(x)$. Die Berechnung der Folge $\{x_k\}$ durch

$$x_0 \quad \text{wählen}$$
$$x_{k+1} = F(x_k), \ k = 0, 1, 2, \ldots$$

kann geometrisch als ein zu den Koordinatenachsen paralleler Streckenzug interpretiert werden (Siehe Figur 3.2):

$$x_0 = 5 \qquad \text{Start auf der } x\text{-Achse}$$
$$F(x_0) = 5.58 \qquad \text{parallel zur } y\text{-Achse zum Graph von } F \text{ gehen}$$
$$x_1 = F(x_0) \qquad \text{neuer Startwert } x_1\text{: vom letzten Punkt parallel}$$
$$\text{zur } x\text{-Achse zur Geraden } y = x \text{ gehen}$$
$$F(x_1) = 5.17 \qquad \text{zum Graph von } F \text{ gehen, parallel zur } y\text{-Achse}$$

u.s.w.

Man erhält in unserem Fall einen 'Schneckenzug', der sich immer enger um den Schnittpunkt der beiden Funktionen windet.

Eine andere Umformung der Gleichung (3.6), nämlich Auflösen nach der Unbekannten x unter dem Wurzelzeichen:

$$\frac{2 + x}{2}\sqrt{2x} - 12 = 0,$$

ergibt die Iterationsform

$$x = \frac{1}{2}\left(\frac{24}{2 + x}\right)^2 =: G(x) \tag{3.10}$$

und führt zur Iteration

$$\begin{aligned} x_0 &\quad \textit{wählen} \\ x_{k+1} &= G(x_k) = \frac{1}{2}\left(\frac{24}{2 + x_k}\right)^2. \end{aligned} \tag{3.11}$$

Diese neue Folge (3.11) konvergiert jedoch nicht, selbst dann nicht, wenn man mit einem guten Startwert $x_0 = 5.34$ beginnt (Siehe Tabelle 3.3). Was ist der Unterschied in den beiden Iterationen ? Aus Figur 3.2 ist ersichtlich, dass bei der Iterationsform (3.9) mit dem Startwert $x_0 = 5$

$$|x_1 - s| < |x_0 - s|$$

gilt. Dagegen ist bei der zweiten Iteration (3.11) mit $x_0 = 5$ offensichtlich (Siehe Figur 3.3)

$$|x_1 - s| > |x_0 - s|.$$

Wenn wir den *Fehler im k-ten Schritt* durch

$$e_k := x_k - s \tag{3.12}$$

k	x_k	k	x_k	k	x_k
0	5.340000	10	5.245138	20	2.402424
1	5.345648	11	5.486548	21	14.859655
2	5.337431	12	5.138416	22	1.013200
3	5.349393	13	5.651826	23	31.720251
4	5.331993	14	4.918836	24	0.253286
5	5.357330	15	6.016257	25	56.723095
6	5.320495	16	4.481766	26	0.083517
7	5.374172	17	6.854974	27	66.343505
8	5.296220	18	3.672975	28	0.061659
9	5.409993	19	8.948923	29	67.757711

Tabelle 3.3: divergente Folge

definieren, so kann man sagen, dass im ersten Fall (3.9) der Betrag des Fehlers *abnimmt* während er bei der zweiten Iteration (3.11) *zunimmt*. Dies liegt aber offensichlich an der *Steigung von $F(x)$ an der Stelle s, d.h. es kommt auf den Wert von $F'(s)$ an*. Genauer kann man wie folgt schliessen: Wegen $x_{k+1} = F(x_k)$ und $s = F(s)$ ist

$$e_{k+1} = x_{k+1} - s = F(x_k) - F(s). \qquad (3.13)$$

Benützt man die Definition von e_k (3.12), so ergibt sich

$$\frac{e_{k+1}}{e_k} = \frac{F(x_k) - F(s)}{x_k - s} = \mu = \textit{Steigung der Sekante} \qquad (3.14)$$

Der Fehler nimmt ab, wenn $|\mu| < 1$ ist. Nach dem Mittelwertsatz ist der Differenzenquotient

$$\frac{F(x_k) - F(s)}{x_k - s} = F'(\xi_k),$$

wobei ξ_k zwischen x_k und s liegt. Anschaulich gesagt: die Steigung der Sekante wird im Intervall (x_k, s) angenommen. Es ist klar, dass für $x_k \to s$ auch $\xi_k \to s$ und damit

$$\lim_{k \to \infty} \frac{e_{k+1}}{e_k} = \lim_{k \to \infty} F'(\xi_k) = F'(s). \qquad (3.15)$$

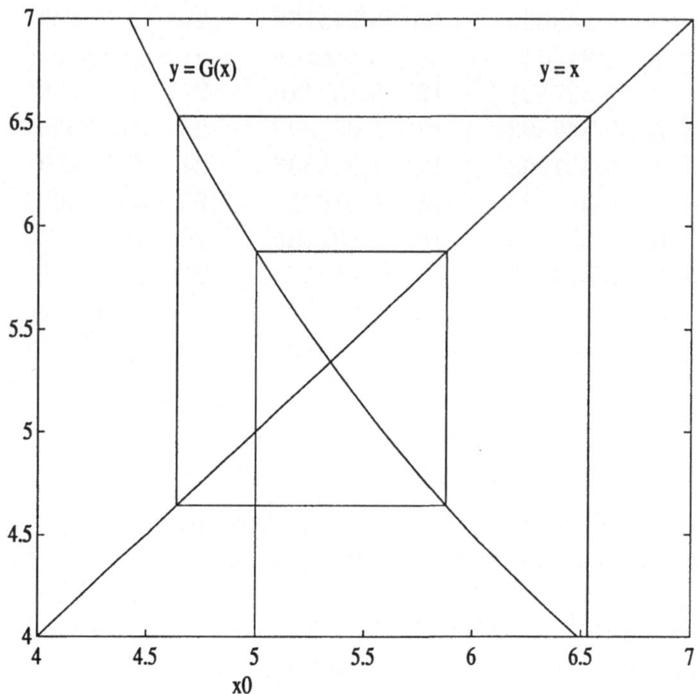

Figur 3.3: $x = G(x)$

Für grosse k gilt also, falls $F'(s) \neq 0$ ist:

$$e_{k+1} \sim F'(s)e_k \tag{3.16}$$

d.h. *der Fehler wird für grosse k pro Iterationsschritt mit dem Faktor $F'(s)$ multipliziert.* Konvergenz kann also nur eintreten, wenn der Fehler abnimmt, d.h. wenn

$$|F'(s)| < 1. \tag{3.17}$$

Ferner ergibt sich aus dem Fehlergesetz (3.16)

$$e_k \sim \left(F'(s)\right)^k e_0, \tag{3.18}$$

d.h. der Fehler nimmt ab wie eine *geometrische Folge*. Aus der Gleichung (3.18) kann abgeschätzt werden, wieviele Iterationsschritte für die Erreichung einer gewissen Genauigkeit nötig sind. Für $|e_k| < \varepsilon$ muss

$$|F'(s)|^k |e_0| < \varepsilon$$

sein, also

$$k > \frac{\log\left(\frac{\varepsilon}{|e_0|}\right)}{\log|F'(s)|}. \qquad (3.19)$$

Wir betrachten als Beispiel die Iteration (3.9)

$$x_{k+1} = F(x_k) = \frac{24}{\sqrt{2x_k}} - 12. \qquad (3.20)$$

Es ist

$$F'(x) = -\frac{12}{\sqrt{2}} \frac{1}{\sqrt{x^3}}$$

und

$$|F'(s)| = 0.6871\ldots < 1$$

und daher konvergiert die durch (3.20) definierte Folge $\{x_k\}$. Für $\varepsilon = 10^{-5}$ und $x_0 = 5$ muss

$$k > \frac{\log\left|\frac{10^{-5}}{5-5.34\ldots}\right|}{\log 0.6871\ldots} \simeq 27.83$$

also $k = 28$ sein, in guter Übereinstimmung mit den numerischen Werten von Tabelle 3.2:

$$x_{28} - s = 5.342290156 - s = -9.6 \cdot 10^{-6}.$$

Es muss betont werden, dass die Anzahl Iterationsschritte nicht immer so genau vorausgesagt werden kann wie bei diesem Beispiel. Die Beziehung (3.16) gilt nur asymptotisch, d.h. für grosse k und ausserdem wird zur Berechnung von k das unbekannte s benützt. Man begnügt sich mit einer guten Näherung für s und erhält auch aus diesem Grunde nur eine Abschätzung für k.

Man spricht hier, falls $F'(s) \neq 0$ aber $|F'(s)| < 1$ ist, von *linearer Konvergenz*, weil der Fehler im nächsten Schritt asymptotisch *eine lineare Funktion des Fehlers im vorangehenden Schritt ist*.

Für den Quotienten von $\frac{e_{29}}{e_{28}}$ in unserem Beispiel (siehe Tabelle 3.2) erhält man

$$e_{29} = x_{29} - s = 5.34230646 - 5.34229982 = 6.64 \cdot 10^{-6}$$
$$e_{28} = x_{28} - s = 5.34229015 - 5.34229982 = -9.66 \cdot 10^{-6}$$

$$\Rightarrow \frac{e_{29}}{e_{28}} = \frac{x_{29} - s}{x_{28} - s} = -0.6870\ldots,$$

was sehr gut mit $F'(s) = -0.68718\ldots$ übereinstimmt.

Aufgabe 3.9 *Man bringe die folgenden Gleichungen auf eine Iterationsform und versuche damit die Lösungen zu berechnen. Um geeignete Startwerte zu ermitteln, bringe man die Gleichung auf eine Form $h(x) = g(x)$, wo h und g bekannte, leicht zu skizzierende Funktionen sind und lese die x-Koordinate der Schnittpunkte ab.*

a) $3x - \cos x = 0$

b) $2 \sin x + e^x = 0$

c) $x \ln x - 1 = 0$

d) $x + \sqrt{x} = 1 + x^2$

e) $3x^2 + \tan x = 0$

Aufgabe 3.10 *Was wird bei den folgenden Iterationen berechnet und wie konvergiert die Folge?*

a) $x_0 = 1,\ x_{k+1} = 0.2\left(4x_k + \frac{a}{x_k}\right)$

b) $x_0 = 1,\ x_{k+1} = 0.5\left(x_k + \frac{a}{x_k}\right)$

c) $x_0 = 1,\ x_{k+1} = x_k(x_k^2 + 3a)/(3x_k^2 + a)$

Aufgabe 3.11 *Was soll unter den folgenden Ausdrücken verstanden werden?*

$$a)\ 1 + \cfrac{1}{\sqrt{1 + \cfrac{1}{\sqrt{1 + \cdots}}}} \qquad b)\ \sqrt[3]{1 + \sqrt[3]{1 + \sqrt[3]{1 + \cdots}}}$$

Aufgabe 3.12 *Man bestimme graphisch Näherungswerte für die drei Lösungen der Gleichung*

$$2x^3 - 5.2x^2 - 4.1x + 3.1 = 0$$

Indem die Gleichung nach x, x^2 bzw. x^3 aufgelöst wird, erhält man drei Iterationsformen. Man untersuche, welche Form für welche Lösung verwendet werden kann und berechne die Lösungen auf Maschinengenauigkeit.

Aufgabe 3.13 *Die Iteration*

$$x_0 = 1, \quad x_{k+1} = \cos x_k, \quad k = 0, 1, \dots$$

konvergiert gegen $s = 0.7390851332\dots$. Wieviele Schritte wären nötig, um s auf 100 Dezimalstellen zu berechnen ?

Aufgabe 3.14 *Die Funktion $f(x) = xe^x - 1$ hat eine einzige Nullstelle, etwa bei $x \approx 0.5$. Man bilde die Iterationsform*

$$x = x + kf(x) =: F(x) \tag{3.21}$$

und bestimme k so, dass $F'(0.5) = 0$ wird. Anschliessend berechne man die Nullstelle mittels Iteration (3.21).

Aufgabe 3.15 *Sei $x = F(x)$ eine Iterationsform, bei der die Folge $\{x_k\}$ divergiert, weil $|F'(s)| > 1$ ist. Man zeige, dass dann die Iterationsform*

$$x = F^{[-1]}(x)$$

eine gegen den Fixpunkt s von $x = F(x)$ konvergente Folge liefert. Anwendung: Es soll die erste positive Lösung von $x - \tan x = 0$ berechnet werden. Die naheliegende Iterationsform:

$$x = \tan(x)$$

konvergiert nicht, aber die Umkehrfunktion

$$x = \arctan(x) + \pi$$

liefert eine konvergente Folge.

Aufgabe 3.16 *Die Gleichung von Aufgabe 3.6*

$$\int_0^x e^{-t^2}\, dt = 0.5$$

kann mit der Iterationsform

$$x = x + 0.5 - \int_0^x e^{-t^2}\, dt$$

gelöst werden. Warum haben wir Konvergenz ?

Aufgabe 3.17 *Man zeige, dass für Startwerte x_0 im 'nahen Konvergenzbereich' das folgende maschinenunabhängige Abbruchkriterium benützt werden kann: Iteration abbrechen, falls $|x_{k+1} - x_k| \geq |x_k - x_{k-1}|$.*

3.3   Iterationsverfahren höherer Ordnung

Aus dem Fehlerverhalten (siehe Gleichung (3.16)) folgt, dass für schnelle Konvergenz $|F'(s)|$ möglichst klein sein soll. Was geschieht nun, wenn $F'(s) = 0$ ist ? In diesem Fall ist

$$\lim_{k \to \infty} \frac{e_{k+1}}{e_k} = 0$$

und es ist eine spezielle Untersuchung nötig, um ein asymptotisches Fehlergesetz zu finden.

Satz 3.1 *Sei $x_{k+1} = F(x_k)$ mit $s = F(s)$, $F'(s) = 0$ und $F''(s) \neq 0$. Dann gilt*

$$e_{k+1} \sim \frac{F''(s)}{2} e_k^2. \tag{3.22}$$

Die Gleichung (3.22) besagt, dass der neue Fehler asymptotisch eine *quadratische Funktion* des alten ist: Man spricht hier von *quadratischer* Konvergenz.

Der Beweis des Satzes beruht auf der Taylorentwicklung von F. Entwickelt man F um die Stelle $x = s$ in das Taylorpolynom 2. Grades mit Restglied, so gilt:

$$F(x_k) = F(s) + \frac{F'(s)}{1!}(x_k - s) + \frac{F''(x_k)}{2!}(x_k - s)^2 + \frac{F'''(\xi_k)}{3!}(x_k - s)^3,$$

wobei ξ_k zwischen x_k und s liegt. Unter Benützung von $F(x_k) = x_{k+1}$, $F(s) = s$ und $F'(s) = 0$ ergibt sich

$$e_{k+1} = \frac{F''(s)}{2}e_k^2 + \frac{F'''(\xi_k)}{3!}e_k^3$$

und wegen $\lim_{k\to\infty} e_k = 0$ somit

$$\lim_{k\to\infty} \frac{e_{k+1}}{e_k^2} = \frac{F''(s)}{2},$$

was zu beweisen war. Es ist leicht, den Satz für Konvergenz n-ter Ordnung zu verallgemeinern.

Als Beispiel betrachten wir die Gleichung:

$$f(x) = xe^x - 1 = 0. \tag{3.23}$$

Eine erste Iterationsform ergibt sich aus $xe^x = 1$ durch Division mit e^x

$$\Rightarrow x = e^{-x} \tag{3.24}$$

Mit dem Startwert $x_0 = 0.5$ erhält man die Werte von Tabelle 3.4. Die Konvergenz ist bei der Iteration (3.24) linear mit dem Faktor

$$F'(s) = -e^{-s} = -s = -0.5671\ldots$$

Eine zweite Iterationsform erhalten wir durch folgende algebraische Umformungen der Gleichung (3.23)

$$xe^x = 1.$$

Addiert man x auf beiden Seiten und klammert x aus, so ist

$$x + xe^x = 1 + x$$

k	x_k	k	x_k	k	x_k
0	0.5000000000	10	0.5669072129	20	0.5671424776
1	0.6065306597	11	0.5672771960	21	0.5671437514
2	0.5452392119	12	0.5670673519	22	0.5671430290
3	0.5797030949	13	0.5671863601	23	0.5671434387
4	0.5600646279	14	0.5671188643	24	0.5671432063
5	0.5711721490	15	0.5671571437	25	0.5671433381
6	0.5648629470	16	0.5671354337	26	0.5671432634
7	0.5684380476	17	0.5671477463	27	0.5671433058
8	0.5664094527	18	0.5671407633	28	0.5671432817
9	0.5675596343	19	0.5671447237	29	0.5671432953

Tabelle 3.4: Iteration mit $x = \exp(-x)$

$$x(1 + e^x) = 1 + x$$

und schliesslich

$$x = F(x) = \frac{1+x}{1+e^x}. \tag{3.25}$$

Mit dieser Iterationsform (3.25) erhält man mit dem Startwert $x_0 = 0.5$
die Werte

$$
\begin{aligned}
x_0 &= 0.5000000000 \\
x_1 &= 0.5663110032 \\
x_2 &= 0.5671431650 \\
x_3 &= 0.5671432904,
\end{aligned}
$$

also in nur drei Iterationsschritten ein 10−stelliges Resultat ! Um die
Konvergenz zu untersuchen, müssen wir die Ableitungen der Iterationsfunktion (3.25) berechnen:

$$F(x) = \frac{1+x}{1+e^x}$$

$$F'(x) == \frac{1 - xe^x}{(1+e^x)^2} = -\frac{f(x)}{(1+e^x)^2}.$$

Wie man sieht, ist $F'(s) = 0$, und man kann leicht nachrechnen, dass
$F''(s) \neq 0$ ist. Wir haben also bei dieser Iterationsform *quadratische
Konvergenz*.

Es stellt sich die Frage, ob man nicht systematisch eine gegebene Gleichung

$$f(x) = 0 \qquad (3.26)$$

auf eine quadratisch konvergente Iterationsform $x = F(x)$ überführen könnte. Wir multiplizieren die Gleichung (3.26) mit der noch näher zu bestimmenden Funktion $h(x)$

$$h(x)f(x) = 0$$

und erhalten durch Addition von x auf beiden Seiten die Iterationsform

$$x = F(x) = x + h(x)f(x). \qquad (3.27)$$

Unser Ziel ist es nun $h(x)$ so zu bestimmen, dass die Iteration quadratisch konvergiert. Sei s der gesuchte Fixpunkt der Iteration (3.27) und zugleich die Lösung von Gleichung (3.26). Es ist

$$F'(x) = 1 + h'(x)f(x) + h(x)f'(x).$$

Für quadratische Konvergenz muss

$$F'(s) = 1 + h(s)f'(s) = 0 \qquad (3.28)$$

sein. Damit Gleichung (3.28) erfüllt werden kann, muss

$$f'(s) \neq 0 \qquad (3.29)$$

und

$$h(s) = -\frac{1}{f'(s)} \qquad (3.30)$$

sein. Die Gleichung (3.29) bedeutet,dass die Nullstelle s von f *einfach* sein muss; ferner muss h differenzierbar sein und kann beliebig gewählt werden; einzig für $x = s$ muss h den Funktionswert $-1/f'(s)$ annehmen. Da aber s unbekannt ist, muss h als Funktion von f gewählt werden. Die einfachste Wahl ist

$$h(x) = -\frac{1}{f'(x)}$$

und sie führt auf das *Newtonverfahren*.

Satz 3.2 *(Newtonverfahren) Verwendet man zur Berechnung der einfachen Nullstelle s von f die Iterationsform*

$$x = F(x) = x - \frac{f(x)}{f'(x)}, \qquad (3.31)$$

dann konvergiert die Iterationsfolge $\{x_k\}$ bei geeignetem Startwert quadratisch gegen s.

Das algebraisch hergeleitete Newtonverfahren kann auch geometrisch interpretiert werden:

- Wir approximieren $f(x)$ für $x = x_k$ durch eine Gerade (das Taylorpolynom ersten Grades) so, dass Funktionswert und Ableitung für $x = x_k$ übereinstimmen. Durch Auflösen des Gleichungssystems

$$\begin{aligned} f(x_k) &= ax_k + b \\ f'(x_k) &= a \end{aligned}$$

erhalten wir für die Koeffizienten der Geraden

$$a = f'(x_k) \text{ und } b = f(x_k) - f'(x_k)x_k.$$

- Statt der Nullstelle von f, berechnen wir die Nullstelle x_{k+1} der Geraden $ax + b = 0$:

$$x_{k+1} = -\frac{b}{a} = -\frac{f(x_k) - f'(x_k)x_k}{f'(x_k)},$$

also

$$x_{k+1} = x_k - \frac{f(x_k)}{f'(x_k)}.$$

Die Gerade $y = ax + b$ ist Tangente im Punkte $(x_k, f(x_k))$ an die Funktion $f(x)$ (Siehe Figur 3.4).

Beispiel 3.1 *Wir wollen einen Algorithmus zur Berechnung der Quadratwurzel entwickeln. $x = \sqrt{a}$ ist Lösung der Gleichung*

$$f(x) = x^2 - a = 0.$$

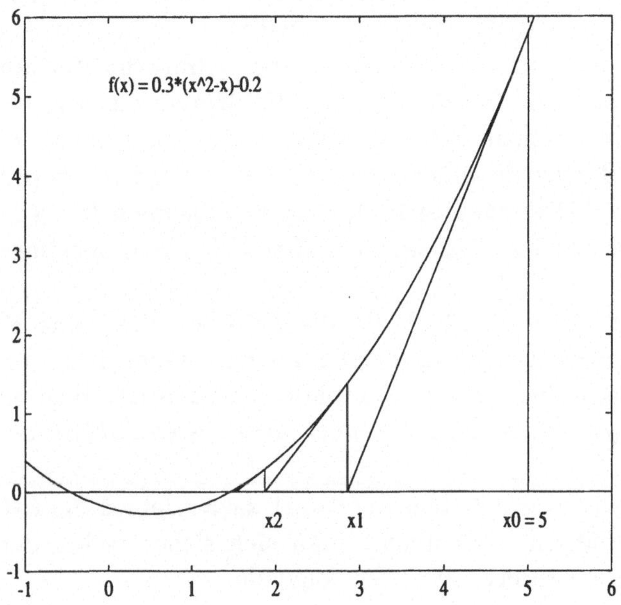

Figur 3.4: Newtonverfahren

Es ist

$$x - \frac{f(x)}{f'(x)} = x - \frac{x^2 - a}{2x} = (x + a/x)/2.$$

Wir erhalten somit die Iterationsformel von Heron

$$x_{k+1} = (x_k + a/x_k)/2, \tag{3.32}$$

welche eine quadratisch gegen $\sqrt{a}$ konvergente Folge $\{x_k\}$ liefert.

Es stellt sich die Frage, wann die Iteration (3.32) abgebrochen werden soll. Man kann immer die relative Differenz zweier aufeinanderfolgender Näherungen prüfen wie beim Algorithmus 3.3. Schöner ist aber, wenn man maschinenunabbängige Kriterien findet. Aus der geometrischen Herleitung des Newtonverfahrens sieht man, dass nahe bei der Nullstelle s die Folge $\{x_k\}$ *monoton* konvergiert. Diese *Monotonie* kann beim Rechnen in einer endlichen Arithmetik nicht für immer aufrechterhalten werden, weil es nur endlich viele Maschinenzahlen gibt. Ein gutes und maschinenunabhängiges Abbruchkriterium ist daher: *Aufhören mit der Iteration, wenn die Monotonie verletzt wird.* Die einzige Schwierigkeit dabei ist, dass man wissen muss, ob man sich schon im Bereich befindet, wo die Newtonfolge theoretisch monoton konvergiert. Dies kann sicherlich nicht allgemein für jede Gleichung festgestellt werden. Oft ist dies aber bei einem gegebenen Problem möglich.

Bei der Iteration (3.32) ist die Funktion $f(x)$ eine Parabel. Es ist geometrisch kar, dass, wenn man mit einem Startwert $x_0 > \sqrt{a}$ beginnt, dann die Folge $\{x_k\}$ monoton fallend ist. Beginnt man aber mit $x_0 < \sqrt{a}$, so ist die Folge *nach dem ersten Schritt* auch monoton fallend.

Wenn wir also mit dem Startwert $x_0 = 1$ einen Schritt $x_1 = (1 + a)/2$ durchführen, so befindet man sich sicher rechts der gesuchten Wurzel. Es resultiert damit der folgende

Algorithmus 3.4

```
function quadratwurzel(a:real):real;
var xneu, xalt : real ;
begin
    xneu := (1 + a)/2;
    repeat
        xalt := xneu; xneu := (xalt + a/xalt)/2
    until xneu ≥ xalt;
    quadratwurzel := xneu
end
```

Die geometrische Herleitung lässt sich leicht verallgemeinern:

- Man wählt eine *'einfache'* Funktion $h(x)$ so, dass für $x = x_k$

$$f^{(i)}(x_k) = h^{(i)}(x_k) \; \textit{für} \;\; i = 0, 1, \ldots, m$$

gilt.

- Man löse (analytisch) $h(x) = 0$ und bezeichne die Lösung mit x_{k+1}.

- Die so gefundene Formel

$$x_{k+1} = h^{[-1]}(0) = F(x_k)$$

ist ein Iterationsverfahren zur Lösung von $f(x) = 0$.

Als Beispiel wollen wir das Verfahren von *Halley* herleiten. Wir wählen als 'einfache' Funktion

$$h(x) = \frac{a}{x+b} + c \tag{3.33}$$

und möchten a, b und c so bestimmen, dass h mit f in Funktionswert und den beiden ersten Ableitungen an der Stelle $x = x_k$ übereinstimmt. Die Parameter ergeben sich aus den 3 Gleichungen

$$
\begin{aligned}
f(x_k) &= h(x_k) &= \frac{a}{x_k + b} + c \\[2mm]
f'(x_k) &= h'(x_k) &= -\frac{a}{(x_k + b)^2} \\[2mm]
f''(x_k) &= h''(x_k) &= \frac{2a}{(x_k + b)^3}
\end{aligned}
\tag{3.34}
$$

Der Parameter a ergibt sich aus

$$\frac{f'(x_k)^3}{f''(x_k)^2} = -\frac{a}{4} \quad \Rightarrow \quad a = -\frac{4f'(x_k)^3}{f''(x_k)^2}.$$

Ferner ist

$$\frac{f'(x_k)}{f''(x_k)} = -\frac{x_k + b}{2} \quad \Rightarrow \quad b = -x_k - \frac{2f'(x_k)}{f''(x_k)}.$$

Setzt man schliesslich die beiden Ausdrücke für a und b in die erste Gleichung von (3.34) ein, so erhält man

$$c = f(x_k) - 2\frac{f'(x_k)^2}{f''(x_k)}.$$

Setzt man nun $h(x_{k+1}) = 0$, so erhält man die Lösung

$$x_{k+1} = -b - \frac{a}{c},$$

und wenn die oben berechneten Ausdrücke eingesetzt werden, ergibt sich

$$x_{k+1} = x_k + 2\frac{f'(x_k)}{f''(x_k)} - \frac{-4\frac{f'(x_k)^3}{f''(x^k)^2}}{f - 2\frac{f'(x_k)^2}{f''(x_k)}}.$$

Nach einiger Umformung resultiert die *Halley'sche Iterationsformel*:

Satz 3.3 *Wenn die Funktion f lokal durch eine Hyperbel der Form (3.33) approximiert wird, erhält man die Iteration*

$$x_{k+1} = x_k - \frac{f(x_k)}{f'(x_k)} \left(\frac{1}{1 - \frac{1}{2}\frac{f(x_k)f''(x_k)}{f'(x_k)^2}} \right). \tag{3.35}$$

Wir interpretieren die Halley'sche Iterationsformel wie folgt: Sie hat die Gestalt

$$x = F(x) = x - \frac{f(x)}{f'(x)}G(t(x)), \tag{3.36}$$

wobei

$$G(t) = \frac{1}{1 - \frac{1}{2}t}, \tag{3.37}$$

und

$$t(x) := \frac{f(x)f''(x)}{f'(x)^2}. \tag{3.38}$$

ist. Sie ist eine 'korrigierte' Newtoniteration, denn für

$$G(t) \approx 1 \Leftrightarrow t(x) \approx 0 \Leftrightarrow f''(x) \approx 0,$$

d.h. wenn f eine kleine Krümmung aufweist, unterscheiden sich beide Verfahren wenig.

Man kann jede Iterationsform $x = F(x)$ als Newtoniteration zur Bestimmung von Nullstellen einer gewissen Funktion g auffassen. Um g zu finden, muss man die Differentialgleichung

$$x - \frac{g(x)}{g'(x)} = F(x) \tag{3.39}$$

lösen. Aus Gleichung (3.39) folgt

$$\frac{g'(x)}{g(x)} = \frac{1}{x - F(x)}$$

und somit durch Integration

$$\ln|g(x)| = \int \frac{dx}{x - F(x)}$$

somit

$$|g(x)| = \exp\left(\int \frac{dx}{x - F(x)}\right). \qquad (3.40)$$

Als Beispiel dazu betrachten wir die zweite Iterationsform (3.25) der Gleichung (3.23). Es ist hier

$$F(x) = \frac{1 + x}{1 + e^x}$$

und

$$\int \frac{dx}{x - F(x)} = \int \frac{1 + e^x}{xe^x - 1}dx.$$

Kürzt man den Integranden durch e^x, so resultiert

$$= \int \frac{e^{-x} + 1}{x - e^{-x}}dx = \ln|x - e^{-x}|.$$

Somit ist die Iterationsform

$$x = \frac{1 + x}{1 + e^x},$$

die Newtoniteration für

$$f(x) = x - e^{-x} = 0.$$

Welche Funktion g des Newtonverfahrens liegt nun der Halley-Iteration zu Grunde ? Die Differentialgleichung (3.39)

$$x - \frac{g(x)}{g'(x)} = F(x) = x + \frac{2f'(x)f(x)}{f(x)f''(x) - 2f'(x)^2}$$

lässt sich überraschenderweise leicht lösen. Es ist

$$\frac{g'(x)}{g(x)} = -\frac{1}{2}\frac{f''(x)}{f'(x)} + \frac{f'(x)}{f(x)},$$

und die Integration ergibt

$$\ln|g(x)| = -\frac{1}{2}\ln|f'(x)| + \ln|f(x)| = \ln\left|\frac{f(x)}{\sqrt{f'(x)}}\right|.$$

Wir haben damit den

Satz 3.4 *Das Halleyverfahren angewendet auf die Gleichung $f(x) = 0$, ist das Newtonverfahren angewendet auf $\frac{f(x)}{\sqrt{f'(x)}} = 0$.*

Wir wollen nun noch die Konvergenz des Halley Iterationsverfahrens untersuchen.

Definition 3.1 *(Konvergenzordnung) Die Iteration*

$$x_{k+1} = F(x_k) \ \textit{mit Fixpunkt } s = F(s)$$

konvergiert

- *linear, wenn $|F'(s)| < 1$ und $F'(s) \neq 0$*
- *quadratisch, wenn $F'(s) = 0$ und $F''(s) \neq 0$*
- *kubisch, wenn $F'(s) = F''(s) = 0$ aber $F'''(s) \neq 0$*

Allgemein ist die Konvergenz $m-$ter Ordnung, wenn

$$F'(s) = \cdots = F^{(m-1)}(s) = 0 \ \textit{aber } F^{(m)}(s) \neq 0. \tag{3.41}$$

Bei Konvergenz $m-$ter Ordnung gilt für den Fehler $e_k = x_k - s$ das *Fehlergesetz*

$$e_{k+1} \sim \frac{F^{(m)}(s)}{m!}e_k^m. \tag{3.42}$$

Der Beweis ergibt sich aus der Taylorentwicklung von F um die Stelle $x = s$:

$$x_{k+1} = F(x_k) = F(s) + \frac{F'(s)}{1!}(x_k - s) + + \cdots + \frac{F^{(m)}(s)}{m!}(x_k - s)^m + R_m \tag{3.43}$$

wobei

$$R_m = \frac{F^{(m+1)}(\xi_k)}{(m+1)!}(x_k - s)^{m+1} \tag{3.44}$$

das Restglied ist. Unter Benützung von $s = F(s)$ und Gleichung (3.41) folgt

$$e_{k+1} = x_{k+1} - s = \frac{F^{(m)}(s)}{m!}e_k^m + R_m$$

und somit

$$\lim_{k \to \infty} \frac{e_{k+1}}{e_k^m} = \frac{F^{(m)}(s)}{m!},$$

womit Gleichung (3.42) bewiesen ist.

Wir betrachten nun eine Iterationsform der Gestalt

$$x = F(x) = x - \frac{f(x)}{f'(x)}H(x) \tag{3.45}$$

zur Lösung von $f(x) = 0$ und suchen Bedingungen für die Funktion $H(x)$ für quadratische, beziehungsweise kubische Konvergenz gegen eine einfache Nullstelle s von f. Sei

$$u(x) := \frac{f(x)}{f'(x)},$$

dann ist (wir lassen zur Vereinfachung der Notation das Argument x weg)

$$\begin{aligned}
F &= x - uH \\
F' &= 1 - u'H - uH' \\
F'' &= -u''H - 2u'H' - uH''
\end{aligned}$$

und

$$u' = 1 - \frac{ff''}{f'^2}$$

$$u'' = -\frac{f''}{f'} + 2\frac{ff''^2}{f'^3} - \frac{ff'''}{f'^2}.$$

Wegen $f(s) = 0$, ist

$$u(s) = 0, \quad u'(s) = 1, \quad u''(s) = -\frac{f''(s)}{f'(s)}. \tag{3.46}$$

Somit folgt für die Ableitungen von F:

$$F'(s) = 1 - H(s) \tag{3.47}$$

$$F''(s) = \frac{f''(s)}{f'(s)} H(s) - 2H'(s). \tag{3.48}$$

Aus den Gleichungen (3.47) und (3.48) lesen wir ab, dass *für quadratische Konvergenz*

$$H(s) = 1$$

sein muss und für kubische zusätzlich

$$H'(s) = \frac{1}{2}\frac{f''(s)}{f'(s)}.$$

Nun ist aber s unbekannt und man wird daher

$$H(x) = G(f(x), f'(x), \ldots)$$

wählen. Zum Beispiel erhält man durch die Wahl von $H(x) = 1 + f(x)$ wegen $H(s) = 1$ eine Iterationsform mit quadratischer Konvergenz:

$$x = x - \frac{f(x)}{f'(x)}(1 + f(x)).$$

Mit der Wahl von

$$H(x) = G(t(x)), \tag{3.49}$$

wobei

$$t(x) = \frac{f(x)f''(x)}{f'(x)^2} \tag{3.50}$$

ist, gilt wegen

$$t(x) = 1 - u'(x)$$

$$H'(x) = G'(t(x))t'(x) = -G'(t(x))u''(x).$$

Damit ist

$$H(s) = G(0)$$

$$H'(s) = -G'(0)u''(s) = G'(0)\frac{f''(s)}{f'(s)}. \tag{3.51}$$

Wir haben damit den folgende Satz hergeleitet:

Satz 3.5 *Sei $G(t)$ eine Funktion mit $G(0) = 1$ und $G'(0) = \frac{1}{2}$. Dann konvergiert das durch die Iterationsform*

$$x = F(x) = x - \frac{f(x)}{f'(x)} G\left(\frac{f(x)f''(x)}{f'(x)^2}\right)$$

definierte Iterationsverfahren kubisch gegen eine einfache Nullstelle von f.

Beweis: Nach Gleichung (3.51) gilt $H(s) = 1$ und $H'(s) = \frac{1}{2}\frac{f''(s)}{f'(s)}$ und damit ist alles gezeigt.

Anwendung: Das Verfahren von Halley ist nach Gleichung (3.35) gegeben durch

$$x = F(x) = x - \frac{f(x)}{f'(x)} G(t(x)),$$

wobei

$$G(t) = \frac{1}{1 - \frac{1}{2}t}$$

ist. Aus der Entwicklung

$$G(t) = 1 + \frac{1}{2}t + \left(\frac{1}{2}t\right)^2 + \cdots$$

kann man ablesen, dass $G(0) = 1$ und $G'(0) = \frac{1}{2}$ ist und damit haben wir gezeigt, *dass das Halley'sche Verfahren kubisch gegen eine einfache Nullstelle von f konvergiert.*

Aufgabe 3.18 *Man löse die folgenden Gleichungen mit der Newtonmethode*

a) $x + e^x = 0$

b) $\ln(x) = \cos(x)$

In beiden Fällen schreibe man die Iterationswerte x_k auf und beobachte die Konvergenz.

Aufgabe 3.19 *Gleich wie Aufgabe 3.6. Man bestimme x so, dass*

$$f(x) = \int_0^x e^{-t^2}\, dt - 0.5 = 0.$$

Da einerseits eine Funktionsauswertung von f viel Rechenaufwand erfordert (Taylorreihe aufsummieren), andrerseits aber Ableitungen von f leicht berechenbar sind, lohnt es sich, das Newton- oder Halleyverfahren anzuwenden.

Aufgabe 3.20 *Von einem Dreieck weiss man, dass der Winkel β doppelt so gross ist wie der Winkel α. Ferner ist die Höhe $h_c = 5$ und der Inkreisradius $\rho = 2$ gegeben. Man bestimme die Seiten des Dreiecks.*

Aufgabe 3.21 *Ein Öltank hat die Gestalt eines liegenden Zylinders mit Radius $r = 1.2m$ und Länge $l = 5m$. Wie hoch steht das Öl, wenn der Tank zu einem Viertel gefüllt ist ?*

Aufgabe 3.22 *Ein Rohr vom Radius $r = 4cm$ wird an einer Schnur der Länge $L = 30cm$ aufgehängt (Siehe Figur 3.5). Wie gross ist der Abstand h des Rohrs von der Decke ?*

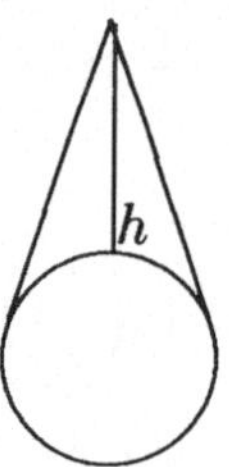

Figur 3.5: Rohraufgabe

Aufgabe 3.23 *Man bestimme a so, dass $\int_0^1 e^{at}dt = 2$.*

Aufgabe 3.24 *Es sei $p = 0.9$ und*

$$\{a_j\} = \{0.1, 0.5, 1.0, 0.2, 5.0, 0.3, 08\}.$$

Gesucht ist ein $x > 0$ so, dass

$$\prod_{j=1}^{n}(1 + xa_j) = 1 + p.$$

Hinweis: Durch Logarithmieren erhält man die Gleichung

$$f(x) = \sum_{j=1}^{n} \ln(1 + xa_j) - \ln(1 + p) = 0,$$

welche gut mittels des Newtonverfahrens gelöst werden kann. Aus der Diskussion von $f''(x)$ ergibt sich ein auf Monotonie beruhendes gutes Abbruchkriterium !

Aufgabe 3.25 *Man verwende das Halley-Verfahren, um eine Funktionsprozedur zu schreiben, mit welcher man Quadratwurzeln berechnen kann.*

Aufgabe 3.26 *Das Newtonverfahren konvergiert quadratisch für einfache Nullstellen einer Funktion f. Wie steht es mit der Konvergenz, wenn $f'(s) = 0$ und $f''(s) \neq 0$? Man analysiere die Iterationsfunktion*

$$F(x) = x - \frac{f(x)}{f'(x)}$$

für diesen Fall.

Aufgabe 3.27 *Die Gleichung*

$$x^4 - 6x^3 + 12x^2 - 10x + 3 = 0$$

hat eine Lösung $x = 1$. Wie konvergiert das Newtonverfahren gegen diese Lösung ?

Aufgabe 3.28 *Die Iteration*

$$x_{k+1} = x_k + \frac{f(x_k)}{f'(x_k)}$$

(Newtoniteration mit falschem Vorzeichen) konvergiert seltsamerweise gegen Pole von f. Warum ?

Aufgabe 3.29 *Diese Aufgabe zeigt, was unter 'geeigneten Startwerten' gemeint sein kann. Man berechne mit dem Newtonverfahren die einzige Nullstelle der Funktion*

$$f(x) = \sqrt[11]{x^{11} - 1} + 0.5 + 0.05\sin(x/100).$$

Das Newtonverfahren konvergiert hier nur, wenn man sehr gute Startwerte x_0 wählt.

Aufgabe 3.30 *Indem die Funktion $f(x)$ lokal durch das Taylorpolynom 2.Grades approximiert wird, leite man eine Iterationsformel (die Euler'sche Iterationsformel) zur Berechnung von Nullstellen her. Man schreibe die resultierende Iterationsform in der Form von Satz 3.5 und beweise damit gleichzeitig, dass die Folge kubisch konvergiert.*

Kapitel 4
Polynome

Eine häufig verwendete Klasse von Funktionen bilden die *Polynome*.

Definition 4.1 *Seien $a_0, a_1, \ldots, a_n$ mit $a_n \neq 0$ gegebene Zahlen. Es ist dann*

$$P_n(x) = a_0 + a_1 x + \cdots + a_n x^n$$

ein Polynom vom Grade n. Die Zahlen a_i heissen die Koeffizienten von P_n.

4.1   Division durch einen Linearfaktor

Oft stellt sich die Aufgabe, ein Polynom $P_n(x)$ durch den *Linearfaktor* $(x - z)$ zu dividieren. Man erhält dabei ein Polynom vom Grade $n - 1$ und, falls die Division nicht aufgeht, eine Zahl r als Rest:

$$\frac{P_n(x)}{x - z} = P_{n-1}(x) + \frac{r}{x - z} \tag{4.1}$$

Beispiel 4.1 $P_3(x) = 3x^3 + x^2 - 5x + 1$, $z = 2$

$$
\begin{array}{l}
(3x^3 + x^2 - 5x + 1) : (x - 2) = \underbrace{3x^2 + 7x + 9}_{P_2(x)} \\
\underline{-3x^3 + 6x^2} \\
\quad 7x^2 - 5x \\
\underline{- 7x^2 + 14x} \\
\quad 9x + 1 \\
\underline{- 9x + 18} \\
\quad 19 = r
\end{array}
\tag{4.2}
$$

Somit lautet für dieses Beispiel die Gleichung (4.1)

$$\frac{3x^3 + x^2 - 5x + 1}{x - 2} = 3x^2 + 7x + 9 + \frac{19}{x - 2}.$$

Wenn wir die Division (4.2) allgemein aufschreiben, so erhält man

$$
\begin{aligned}
&(a_n x^n + a_{n-1} x^{n-1} + a_{n-2} x^{n-2} + \cdots + a_0) \ : \ (x - z) \\
&\underline{-b_{n-1} x^n + b_{n-1} z x^{n-1}} \qquad\qquad\qquad\qquad = b_{n-1} x^{n-1} + \cdots + b_0 \\
&\qquad\quad \underline{\begin{aligned} b_{n-2} x^{n-1} &+ a_{n-2} x^{n-2} \\ - b_{n-2} x^{n-1} &+ b_{n-2} z x^{n-2} \end{aligned}} \\
&\qquad\qquad\qquad\quad b_{n-3} x^{n-2} + a_{n-3} x^{n-3} \\
&\qquad\qquad\qquad\quad \cdots \qquad \cdots \qquad \cdots \\
&\qquad\qquad\qquad\qquad\quad \underline{\begin{aligned} b_0 x &+ \ \ a_0 \\ - \ b_0 x &+ \ \ b_0 z \end{aligned}} \\
&\qquad\qquad\qquad\qquad\qquad\qquad r
\end{aligned}
$$

$$(4.3)$$

Aus (4.3) kann man sehen, dass sich die Koeffizienten b_i von P_{n-1} nach der Rekursionsformel

$$
\begin{aligned}
b_{n-1} &= a_n \\
b_{i-1} &= z b_i + a_i, \quad i = n - 1, \cdots, 1
\end{aligned}
\qquad (4.4)
$$

berechnen. Für den Rest gilt

$$r = z b_0 + a_0.$$

Die Rekursionsformel (4.4) wird übersichtlicher im sogenannten *einfachen Hornerschema* dargestellt:

$$
\begin{array}{c|ccccccc}
& a_n & a_{n-1} & a_{n-2} & \cdots & a_1 & a_0 \\
& & b_{n-1} z & b_{n-2} z & \cdots & b_1 z & b_0 z \\
\hline
x = z & b_{n-1} & b_{n-2} & b_{n-3} & \cdots & b_0 & | \ r
\end{array}
\qquad (4.5)
$$

Die Koeffizienten des Polynoms P_n werden mit dem höchsten beginnend aufgeschrieben. Danach berechnet man

Algorithmus 4.1

$$
\begin{aligned}
&b[n-1] := a[n]; \\
&\textbf{for } i := n - 1 \ \textbf{downto } 1 \ \textbf{do} \\
&\qquad b[i-1] := b[i] * z + a[i]; \\
&r := b[0] * z + a[0];
\end{aligned}
$$

Für Beispiel 4.1 erhält man das Hornerschema

$$
\begin{array}{r|rrrr}
 & 3 & 1 & -5 & 1 \\
 & & 6 & 14 & 18 \\
\hline
x = 2 & 3 & 7 & 9\,|\ & 19 = r
\end{array}
\tag{4.6}
$$

Welche Bedeutung hat der Rest r ? Wenn wir die Gleichung (4.1) mit $(x - z)$ multiplizieren, ergibt sich

$$
P_n(x) = P_{n-1}(x)(x - z) + r.
\tag{4.7}
$$

Setzt man in (4.7) $x = z$, so findet man $P_n(z) = r$, somit

$$
P_n(x) = P_{n-1}(x)(x - z) + P_n(z).
\tag{4.8}
$$

Der Rest ist also gerade der Funktionswert von P_n an der Stelle $x = z$. Das Hornerschema (4.5) oder der Divisionsalgorithmus (4.3) kann somit auch zum Auswerten von P_n benützt werden! Dass dies sogar ein gutes Verfahren ist, zeigt die folgende Betrachtung:

$$
P_n(z) = a_n z^n + a_{n-1} z^{n-1} + \cdots + a_1 z + a_0
\tag{4.9}
$$

Wenn man $P_n(z)$ nach (4.9) auswertet, so benötigt man $\frac{n(n+1)}{2}$ Multiplikationen und n Additionen. Durch Ausklammern können wir den Funktionswert $P_n(z)$ mit nur n Multiplikationen berechnen:

$$
P_n(z) = \Big(\cdots \Big(\big(\underbrace{a_n}_{b_{n-1}} z + a_{n-1} \big) z + a_{n-2} \Big) z + \cdots + a_1 \Big) z + a_0.
\tag{4.10}
$$

Aus (4.10) sieht man, dass die Klammern genau die Werte der Koeffizienten b_i sind. Wir haben damit folgendes gezeigt:

> Das Hornerschema (4.5) kann dazu benützt werden, um
> 1. ein Polynom P_n durch den Linearfaktor $x - z$ zu dividieren.
> 2. $P_n(z)$ mit möglichst geringem Rechenaufwand auszuwerten.

Will man nur den Funktionswert von P_n für $x = z$ berechnen, so ist es nicht notwendig, die Koeffizienten b_i zu speichern. Man erhält damit den folgenden Algorithmus:

Algorithmus 4.2

```
        function p(z:real; a:vektor):real;
        var s : real; i : integer;
        begin
            s := 0;
            for i := n downto 0 do
                s := s * z + a[i];
            p := s
        end
```

Aufgabe 4.1 *Man dividiere das Polynom*

$$P_4(x) = 2x^4 - 24x^3 + 100x^2 - 168x + 93$$

durch den Linearfaktor $(x - z)$. *Wie gross werden die Reste r für* $z = 1, 2, 3, 4, 5$ *und wie lauten die Koeffizienten des Polynoms* $P_3(x)$, *welches durch die Gleichung (4.7)*

$$P_4(x) = (x - z)P_3(x) + r$$

bestimmt ist ?

Aufgabe 4.2 *Man ermittle mittels des Hornerschemas die Funktionswerte des Polynoms*

$$P_6(x) = 5x^6 - 3x^3 + x^2 + 4x - 12$$

für $x = 2, -2, 5, i, 1 + i$.

Aufgabe 4.3 *Man schreibe ein Programm, das eine Wertetabelle für das Polynom*

$$P_6(x) = 1 - 5x^2 - 0.5x^3 + x^4 + 0.1x^5 - x^6$$

für $x = -2, -1.5, -1, -0.5, \dots, 2$ *mittels des Hornerschemas berechnet und ausdruckt.*

4.2 Zahlenumwandlungen

Das Hornerschema lässt sich anwenden, um Zahlen in verschiedenen Zahlensystemen darzustellen. Als Beispiel betrachten wir die Dualzahl

$$u = 10011101101_2.$$

Um den Wert der Zahl u in dezimaler Arithmetik zu berechnen, schreiben wir u ausführlich als

$$u = 1 \cdot 2^{10} + 0 \cdot 2^9 + 0 \cdot 2^8 + 1 \cdot 2^7 + 1 \cdot 2^6 + 1 \cdot 2^5 + 0 \cdot 2^4 + 1 \cdot 2^3 + 1 \cdot 2^2 + 0 \cdot 2^1 + 1$$

u ist also Funktionswert für $z = 2$ eines Polynoms 10.Grades, dessen Koeffizienten die Dualziffern sind. Wir erhalten somit

$$u = P_{10}(2) = 1261_{10}.$$

Ist allgemein u eine Zahl, dargestellt im Zahlensystem mit Basis b

$$u = d_n \cdots d_0 \text{ mit } d_i \in \{0, 1, \ldots, b-1\},$$

so kann der Algorithmus 4.2 zur Umwandlung von u ins Dezimalsystem verwendet werden. Man erhält

Algorithmus 4.3

```
u := 0;
for i := n downto 0 do
    u := u * b + d[i];
```

Bei Dualzahlen, d.h. für $b = 2$ kann die Multiplikation durch die weniger rechenaufwendige Addition ersetzt werden:

$$u := u + u + d[i].$$

Bei der Umwandlung einer Dezimalzahl in eine Zahl mit Basis b muss ein inverses Problem gelöst werden: Gegeben ist jetzt der Funktionswert $u = P_n(z)$ des Polynoms und das Argument $z = b$. Gesucht sind die *Koeffizienten*. Diese Aufgabe ist so allgemein nicht eindeutig lösbar. Bei Zahlenumwandlungen haben wir aber die Nebenbedingungen

$$u, b, d[i] \text{ ganzzahlig und } b > d[i] \geq 0,$$

wodurch die Lösung eindeutig wird. Das Hornerschema wird jetzt in umgekehrter Reihenfolge berechnet.

Beispiel 4.2 $b = 2, \quad u = 57$

$$
\begin{array}{cccccc}
1 & 1 & 1 & 0 & 0 & 1 \\
0 & 2 & 6 & 14 & 28 & 56 \\
\uparrow \nearrow & \uparrow \nearrow & \uparrow \nearrow & \uparrow \nearrow & \uparrow \nearrow & \uparrow \\
1 & 3 & 7 & 14 & 28 & 57
\end{array}
\tag{4.11}
$$

somit ist $57_{10} = 111001_2$. Ausgehend von der gegebenen Dezimalzahl 57 teilt man die Zahl jeweils durch die Basis $b = 2$; der ganzzahlige Rest ist die neue Ziffer (=Koeffizient des Polynoms).

Für die Berechnung der Ziffern d_i einer Zahl u im Zahlensystem mit Basis b erhält man also den

Algorithmus 4.4

```
i := 0;
while u <> 0 do
begin
    d[i] := u mod b; u := u div b; i := i + 1
end
```

Aufgabe 4.4 *Man schreibe ein Programm, das Zahlen im Zahlensystem der Basis b_1 einliest und in Zahlen des Zahlensystems mit Basis b_2 umwandelt.*
Hinweis: $b_1 \longrightarrow dezimal \longrightarrow b_2$.

Aufgabe 4.5 *Man verallgemeinere den Algorithmus für Zahlenumwandlungen für gebrochene Zahlen.*

Aufgabe 4.6 *Man studiere das folgende rekursive Programm.*

```
program was;
var z : integer;
procedure stelle(n : integer);
begin
    if n > 0 then
```

```
        begin
          stelle(n div 2);
          write(n mod 2)
        end
      end;
      begin
        writeln('zahl eingeben'); read(z);
        stelle(z)
      end.
```

4.3 Umentwickeln von Polynomen

Mittels des einfachen Hornerschemas Algorithmus 4.1 berechnet man
die Zerlegung (4.7) von $P_n(x)$:

$$P_n(x) = P_n(z) + (x - z)P_{n-1}(x). \tag{4.12}$$

Wieder kann das Hornerschema zur Zerlegung von $P_{n-1}(x)$, $P_{n-2}(x)$,
..., $P_1(x)$ angewendet werden. Man erhält dadurch die Gleichungen:

$$\begin{aligned}
P_n(x) &= P_n(z) &&+ (x - z)P_{n-1}(x) \\
P_{n-1}(x) &= P_{n-1}(z) &&+ (x - z)P_{n-2}(x) \\
&\;\;\vdots \\
P_1(x) &= P_1(z) &&+ (x - z)P_0(x)
\end{aligned} \tag{4.13}$$

Schreibt man die dafür erforderlichen Hornerschemata untereinander
auf, so erhält man das *vollständige Hornerschema*.

Beispiel 4.3 $P_3(x) = 3x^3 + x^2 - 5x + 1, \; z = 2$

$$
\begin{array}{rrrcrl}
3 & 1 & -5 & | & 1 & \\
  & 6 & 14 & | & 18 & \\
\hline
3 & 7 & 9 & | & 19 & = P_3(z) \\
  & 6 & 26 & | & & \\
\hline
3 & 13 & | & 35 & = P_2(z) & \\
  & 6 & | & & & \\
\hline
3 & | & 19 & = P_1(z), & & \\
\hline
3 & = P_0(z) & & & &
\end{array}
\tag{4.14}
$$

Aus diesem Schema liest man ab

$$P_2(x) = 3x^2 + 7x + 9$$
$$P_1(x) = 3x + 13$$
$$P_0(x) = 3$$

Wir wollen die Werte der Polynome $P_i(z)$ interpretieren. Dazu eliminieren wir in (4.13) von oben nach unten die Grössen $P_{n-1}(x)$, $P_{n-2}(x)$, ..., $P_1(x)$ und erhalten, wenn die ersten j Gleichungen verwendet werden

$$P_n(x) = \sum_{k=0}^{j-1} (x-z)^k P_{n-k}(z) + (x-z)^j P_{n-j}(x) \qquad (4.15)$$

oder für $j = n$ wegen $P_0(x) = \text{const.} = P_0(z)$

$$P_n(x) = \sum_{k=0}^{n} P_{n-k}(z)(x-z)^k. \qquad (4.16)$$

Die Darstellung (4.16) erinnert uns an die Taylorentwicklung von $P_n(x)$ an der Stelle $x = z$:

$$P_n(x) = \sum_{k=0}^{n} \frac{P_n^{(k)}(z)}{k!}(x-z)^k. \qquad (4.17)$$

Da die Entwicklung (4.17) eindeutig ist, muss durch Vergleich mit (4.16) gelten

$$P_{n-k}(z) = \frac{P_n^{(k)}(z)}{k!} \quad k = 0,1,\ldots,n \qquad (4.18)$$

Wir erhalten damit den folgenden Satz:

Satz 4.1 *Das vollständige Hornerschema (4.14) ist ein Algorithmus, um die Taylorentwicklung eines Polynoms $P_n(x)$ an der Stelle $x = z$ zu berechnen.*

Bei der Programmierung berechnet man das vollständige Hornerschema zeilenweise. Man kann dabei die Koeffizienten a_i des Polynoms

$$P_n(x) = a_n x^n + \cdots + a_1 x + a_0$$

jeweils durch die neue Zeile des Hornerschemas überschreiben:

Algorithmus 4.5 *(vollständiges Hornerschema)*

> **for** $j := 0$ **to** n **do**
> > **for** $i := n - 1$ **downto** j **do**
> > > $a[i] := a[i + 1] * z + a[i]$

Vor dem j-ten Schritt in Algorithmus 4.5 ist

$$
\begin{array}{cccccc}
\cdot & \cdot & \cdot & \cdot & \cdot & \cdot \quad a_0 \\
\cdot & \cdot & \cdot & \cdot & \cdot \quad a_1 \\
\cdot & \cdot & \cdot & \cdot & \cdot \\
a_n & a_{n-1} & \cdots & a_j & a_{j-1}
\end{array}
$$

und es ist

$$P_{n-j}(x) = a_n x^{n-j} + a_{n-1} x^{n-j-1} + \cdots + a_j$$

Wegen (4.15) ist auch

$$P_n(x) = (x - z)^j \sum_{k=j}^{n} a_j x^{k-j} + \sum_{k=0}^{j-1} a_j(x - z)^j, \qquad (4.19)$$

woraus man sieht, wie das Polynom schrittweise umentwickelt wird. Nach Ausführen des Algorithmus 4.5 gilt

$$P_n(x) = a_n(x - z)^n + \cdots + a_1(x - z) + a_0, \qquad (4.20)$$

d.h. P_n ist an der Stelle $x = z$ umentwickelt worden.

Aufgabe 4.7 *Man berechne für $x = -1$ die Taylorentwicklung von*

$$P_5(x) = x^5 + x^4 + 2x^3 + 2x^2 + x + 1. \qquad (4.21)$$

Aufgabe 4.8 *Man berechne $P_5'''(2)$ von Aufgabe 4.7 durch gewönliches Ableiten und mittels vollständigem Hornerschema.*

Aufgabe 4.9 *Man entwickle das Polynom*

$$P_5(x) = x^5 + 4x^4 + 3x^3 - 2x + 1$$

nach Potenzen von $(x - 2)$ und nach Potenzen von $(x + 3)$.

Aufgabe 4.10 *Man berechne für die Entwicklungsstelle $x = -2$ das Taylorpolynom 6. Grades von*

$$P_6(x) = x^6 + 12x^5 + 60x^4 + 160x^3 + 240x^2 + 192x + 64.$$

4.4 Nullstellen von Polynomen

Definition 4.2 *Jede reelle oder komplexe Zahl s mit $P_n(s) = 0$ heisst Nullstelle des Polynoms P_n.*

Nach dem Fundamentalsatz der Algebra besitzt jedes Polynom vom Grade $n \geq 1$ mindestens eine Nullstelle. Wenn s_1 eine Nullstelle von P_n ist und wenn man das einfache Hornerschema für $x = s_1$ anwendet, so erhält man

$$P_n(x) = P_{n-1}(x)(x - s_1), \qquad (4.22)$$

da der Rest $r = P_n(s_1) = 0$ ist. Die weiteren Nullstellen von P_n sind dann auch Nullstellen von P_{n-1} wie aus der Faktorisierung (4.22) ersichtlich ist. Man nennt diesen Prozess *Abspalten der Nullstelle s_1*. Ist weiter s_2 eine Nullstelle von P_{n-1}, so ergibt wieder das Hornerschema

$$P_{n-1}(x) = P_{n-2}(x)(x - s_2)$$

oder zusammen mit (4.22) erhält man

$$P_n(x) = P_{n-2}(x)(x - s_1)(x - s_2).$$

Jede weitere Nullstelle kann in analoger Weise abgespalten werden bis

$$P_n(x) = P_0(x)(x - s_1) \cdots (x - s_n).$$

Da $P_0(x) = \text{const}$ ist, muss $P_0(x) = a_n$ sein und wir haben damit das Polynom $P_n(x)$ in *Linearfaktoren* zerlegt und gezeigt, dass jedes Polynom höchstens n verschiedene Nullstellen haben kann:

$$P_n(x) = a_n \prod_{j=1}^{n} (x - s_j).$$

Durch den folgenden Satz lässt sich die Lage der Nullstellen abschätzen:

Satz 4.2 *Alle Nullstellen des Polynoms $P_n(x) = a_0 + a_1 x + \cdots + a_n x^n$ mit $a_n \neq 0$ liegen in der komplexen Ebene in einem Kreis um den Ursprung mit Radius*

$$r = 2 \max_{1 \leq k \leq n} \sqrt[k]{\left| \frac{a_{n-k}}{a_n} \right|}.$$

Beweis: Wir zeigen, dass für $|z| > r$ $|P_n(z)| > 0$ ist. Sei also $|z| > 2\sqrt[k]{\left|\frac{a_{n-k}}{a_n}\right|}$ für alle k.

$$\Rightarrow 2^{-k}|z|^k > \left|\frac{a_{n-k}}{a_n}\right|$$

$$\Leftrightarrow 2^{-k}|a_n||z|^n > |a_{n-k}|\left|z^{n-k}\right|. \tag{4.23}$$

Wegen der Dreiecksungleichung $||x|-|y|| \le |x+y| \le |x|+|y|$ gilt

$$|P_n(z)| \ge |a_n z^n| - \sum_{k=1}^{n}|a_{n-k}|\left|z^{n-k}\right|.$$

Wegen (4.23) ist die rechte Seite

$$\ge |a_n||z^n| - \sum_{k=1}^{n} 2^{-k}|a_n||z^n| = |a_n||z^n|\left(1 - \sum_{k=1}^{n} 2^{-k}\right)$$

$$= |a_n||z^n|\left(\frac{1}{2}\right)^n > 0.$$

Es stellt sich nun die Frage, wie man die Nullstellen s_i eines Polynoms $P_n(x)$ berechnen kann. Bekanntlich hat Galois bewiesen, dass nur für $n \le 4$ die Nullstellen durch explizite Formeln angegeben werden können. Diese Formeln müssen zudem sorgfältig umgeschrieben werden, damit sie numerisch stabil sind. Es ist daher üblich, schon vom Grad $n \ge 3$ auf Näherungsmethoden zur Nullstellenberechnung überzugehen. Da die Nullstellen auch bei reellen Polynomen komplex sein können, muss die Berechnung in komplexer Arithmetik erfolgen. Im Prinzip kann irgendeine Iterationsmethode zur Nullstellenbestimmung für Polynomnullstellen angewendet werden. Wir werden aber im folgenden drei Methoden betrachten, welche speziell für Polynome konstruiert sind. Das grobe Rahmenprogramm sieht bei allen 3 Methoden gleich aus:

begin

> $\boxed{\begin{array}{l} \textit{Einlesen des Grades} \\ \textit{und der Koeffizienten } a_k \end{array}}$

for $n:=$ *grad* **downto** *1* **do**

> **begin**
>
> $\boxed{\begin{array}{l} \textit{Iterative Berechnung der} \\ \textit{Nullstelle } s_n \textit{ von } P_n(x) \end{array}}$
>
> $\boxed{\begin{array}{l} \textit{Abspalten von } s_n \textit{ (Deflation)} \\ P_n(x) = P_{n-1}(x)(x - s_n) \end{array}}$
>
> **end**

end

Leider können die Nullstellen von Polynomen sehr schlecht konditioniert sein und die beste Methode kann in solchen Fällen nur schlechte Resultate liefern. Ein berühmtes Beispiel dafür hat J.H. Wilkinson, der grosse britische Numeriker, angegeben. Er betrachtet das Polynom vom Grade 20 mit den Nullstellen $1, 2, \ldots, 20$:

$$P_{20}(x) = \prod_{i=1}^{20} (x - i) = x^{20} - 210 x^{19} \pm \cdots + 20!$$

Wenn man nur den Koeffizienten 210 um 2^{-23} stört, also das Polynom

$$Q_{20} = P_{20} - 2^{-23} x^{19} = x^{20} - 210.0000001192 \ldots x^{19} \pm \cdots + 20!$$

betrachtet, so hat Q_{20} nun 10 komplexe Nullstellen wie z.B. etwa $16.73 \pm 2.81 i$.

Diese kleine Störung eines einzigen Koeffizienten bewirkt eine gewaltige Aenderung in den Nullstellen: die Nullstellen sind somit durch die Koeffizienten schlecht bestimmt. Dies ist der Grund, warum heute kaum noch Probleme auf das Berechnen von Polynomnullstellen zurückgeführt werden. Zum Beispiel werden Eigenwerte von Matrizen nicht mehr als Nullstellen des charakteristischen Polynoms berechnet. Es sind dafür Verfahren entwickelt worden, die das charakteristische Polynom nicht mehr benötigen.

Aufgabe 4.11 *Man schätze die Lage der Nullstellen der folgenden Polynome ab:*

a) $x^4 - 8x^3 - 2x^2 + 24x - 15$

b) $x^2 - 4x + 4 - i$

Aufgabe 4.12 *Man bestimme durch Erraten und mittels Abspalten mit dem Hornerschema alle Nullstellen des Polynoms*

$$P_4(x) = 10 - 35x + 45x^2 - 25x^3 + 5x^4.$$

Wie lautet die Faktorzerlegung von P?

Aufgabe 4.13 *Das Polynom*

$$P_5(x) = x^5 + x^4 + 2x^3 + 2x^2 + x + 1$$

hat die Nullstelle $x = i$. Man bestimme die weiteren Nullstellen und stelle die Faktorzerlegung auf. Hinweis: ein reelles Polynom hat immer konjugiert komplexe Nullstellen !

Aufgabe 4.14 *$x = 1$ ist eine Nullstelle des Polynoms $P_{10}(x) = x^{10} - 1$. Man spalte diese Nullstelle mittels des Hornerschemas ab. Wie lautet das Restpolynom ? Man bestimme alle Nullstellen des Polynoms P_{10}.*

Aufgabe 4.15 *Das Polynom*

$$P_5(x) = x^5 - x^4 - 8x^3 + 20x^2 - 17x + 5$$

hat eine Nullstelle mehrfach. Man bestimme ihre Vielfachheit.

Aufgabe 4.16 *Die Gleichung*

$$x^4 + ax^3 + bx^2 - 26x + 120 = 0$$

hat die beiden Lösungen $x_1 = 2$ und $x_2 = -3$. Man bestimme die Koeffizienten a und b, sowie die restlichen Lösungen.

4.5   Das Newtonverfahren

Da die Ableitung eines Polynoms leicht berechnet werden kann, ist die Verwendung der Newtoniteration zur Berechnung von Nullstellen naheliegend:

$$x_{k+1} = x_k - \frac{P(x_k)}{P'(x_k)}. \tag{4.24}$$

Für die Berechnung von P und P' genügen die ersten beiden Zeilen des vollständigen Hornerschemas(4.14), die wir simultan in einer **for**-Schleife berechnen können:

Algorithmus 4.6

```
    p := 0; ps := 0;
    for i := n downto 0 do
    begin
        ps := p + x * ps;
        p := a[i] + x * p
    end;
    (* hier ist p = P(x) und ps = P'(x) *)
```

Wenn die Folge x_k von (4.24) konvergiert hat, kann die Nullstelle abgespalten werden. Dies geschieht mit dem Algorithmus 4.1. Wir erhalten damit die folgende erste Version für das Newtonverfahren:

Algorithmus 4.7

```
    program newton;
    type koeff= array [0..10] of real;
    var a, b : koeff ;
        n, grad, i : integer ;
        y, x, p, ps : real;
    procedure newtoniteration ;
    begin
        writeln('startwert ?'); read(y);
        repeat
            x := y; p := 0; ps := 0;
            for i:= n downto 0 do
            begin
                ps := p + ps * x; p := a[i] + p * x;
```

```
                end;
                writeln('x,p,ps',x,p,ps);
                y := x - p/ps
            until abs(y - x) < 1E - 3 * abs(y)
        end;

        procedure deflation;
        begin
            b[n - 1] := a[n];
            for i := n - 1 downto 1 do
            b[i - 1] := b[i] * y + a[i];
            p := b[0] * y + a[0];
            writeln('Nullstelle Nr.',grad - n + 1,'.',y,p);
            a := b;
        end;

        begin
            writeln('grad, a[0],...,a[n] ?');
            read(grad); for i := 0 to grad do read(a[i]);

            for n := grad downto 1 do
            begin
                newtoniteration;
                deflation;
            end;
        end.
```

Beispiel 4.4 *Aus der Identität*

$$\cos(6\alpha) = 32\cos^6\alpha - 48\cos^4\alpha + 18\cos^2\alpha - 1$$

ergibt sich für

$$\cos(6\alpha) = 0.5 \tag{4.25}$$

und mittels Substitution $x = \cos(\alpha)$ *die Polynomgleichung*

$$32x^6 - 48x^4 + 18x^2 - \frac{3}{2} = 0, \tag{4.26}$$

welche wegen (4.25) die Lösungen

$$x_1 = -x_6 = \cos 10° = 0.9848077530$$
$$x_2 = -x_5 = \cos 50° = 0.6427876097$$
$$x_3 = -x_4 = \cos 70° = 0.3420201433$$

hat. Das Programm ergibt die Werte von Tabelle 4.1.

Das Programm (4.7) ist im allgemeinen unbrauchbar, weil nicht komplex gerechnet wird. Man kann es jedoch leicht für komplexe Arithmetik umschreiben. Ersetzt man etwa

$$
\begin{array}{lll}
a[i] & \text{durch} & ar[i] + i * ai[i] \\
b[i] & \text{durch} & br[i] + i * bi[i] \\
y & \text{durch} & yr + i * yi \\
p & \text{durch} & pr + i * pi
\end{array}
$$

wobei i die imaginäre Einheit bedeutet und führt die Rechenoperationen getrennt für Real- und Imaginärteil durch, so erhält man z.B. für das Abspalten:

Algorithmus 4.8

```
  procedure deflation;
  begin
      br[n - 1] := ar[n]; bi[n - 1] := ai[n];
      for i := n - 1 downto 1 do
      begin
          br[i - 1] := ar[i] + br[i] * yr - bi[i] * yi;
          bi[i - 1] := ai[i] + br[i] * yi + bi[i] * yr;
      end;
      pr := ar[0] + br[0] * yr - bi[0] * yi;
      pi := ai[0] + br[0] * yi + bi[0] * yr;
      writeln('NullstelleNr.', grad - n + 1, '', yr, yi, 'P(x) =', pr, pi);
      ar := br; ai := bi
  end;
```

Die gesamte Übersetzung des Algorithmus 4.7 in komplexe Arithmetik sei eine Übungsaufgabe. Der Algorithmus 4.7 hat noch eine Schwäche:

Startwert ?	1		
x, p, ps	1.0000000000e+00	5.000e-01	3.600e+01
x, p, ps	9.8611111111e-01	3.932e-02	3.042e+01
x, p, ps	9.8481843395e-01	3.196e-04	2.993e+01
Nullstelle Nr.1.	9.8480775374e-01	2.166e-08	
Startwert ?	1		
x, p, ps	1.0000000000e+00	3.291e+01	2.033e+02
x, p, ps	8.3810786065e-01	9.878e+00	9.095e+01
x, p, ps	7.2949218096e-01	2.710e+00	4.433e+01
x, p, ps	6.6836581089e-01	5.850e-01	2.604e+01
x, p, ps	6.4590264708e-01	6.289e-02	2.055e+01
x, p, ps	6.4284187814e-01	1.077e-03	1.984e+01
Nullstelle Nr.2.	6.4278762337e-01	3.347e-07	
Startwert ?	1		
x, p, ps	1.0000000000e+00	9.213e+01	3.112e+02
x, p, ps	7.0392277019e-01	2.755e+01	1.392e+02
x, p, ps	5.0605812663e-01	7.625e+00	6.722e+01
x, p, ps	3.9263410194e-01	1.697e+00	3.871e+01
x, p, ps	3.4879433457e-01	1.980e-01	2.987e+01
x, p, ps	3.4216410062e-01	4.120e-03	2.863e+01
Nullstelle Nr.3.	3.4202017528e-01	1.915e-06	
Startwert ?	1		
x, p, ps	1.0000000000e+00	1.400e+02	2.601e+02
x, p, ps	4.6169814985e-01	4.109e+01	1.167e+02
x, p, ps	1.0970155666e-01	1.191e+01	5.305e+01
x, p, ps	-1.1469856667e-01	3.343e+00	2.487e+01
x, p, ps	-2.4907195179e-01	8.616e-01	1.263e+01
x, p, ps	-3.1729534586e-01	1.719e-01	7.738e+00
x, p, ps	-3.3951017129e-01	1.572e-02	6.339e+00
x, p, ps	-3.4199034163e-01	1.867e-04	6.188e+00
Nullstelle Nr.4.	-3.4202051498e-01	2.748e-08	
Startwert ?	1		
x, p, ps	1.0000000000e+00	1.043e+02	1.161e+02
x, p, ps	1.0116293482e-01	2.585e+01	5.856e+01
x, p, ps	-3.4033596638e-01	6.237e+00	3.030e+01
x, p, ps	-5.4618296578e-01	1.356e+00	1.713e+01
x, p, ps	-6.2535090843e-01	2.006e-01	1.206e+01
x, p, ps	-6.4198045442e-01	8.849e-03	1.100e+01
x, p, ps	-6.4278521093e-01	2.072e-05	1.094e+01
Nullstelle Nr.5.	-6.4278710445e-01	1.164e-10	
Startwert ?	1		
x, p, ps	1.0000000000e+00	6.351e+01	3.200e+01
x, p, ps	-9.8480793296e-01	0.000e+00	3.200e+01
Nullstelle Nr.6.	-9.8480793296e-01	0.000e+00	

Tabelle 4.1: Newtonverfahren

das Abbruchkriterium der Newtoniteration. Bei mehrfachen Nullstellen, welche immer schlecht konditioniert sind, kann die relative Differenz zweier aufeinanderfolgenden Näherungen stets grösser als $1E-3$ sein, und die Iteration wird dadurch nie abgebrochen. Für eine einfache Nullstelle ist aber $1E-3$ zu wenig genau und das Abspalten einer ungenauen Nullstelle verfälscht die übrigen. Ist y die der Nullstelle s am nächsten liegende Maschinenzahl, so kann man nicht mehr erwarten, als dass

$$|P_n(y)| \approx \varepsilon \sum_{i=0}^{n} |a_i y^i| \qquad (4.27)$$

ε Maschinengenauigkeit

ist. Die Gleichung (4.27) lässt sich für ein vernünftiges Abbruchkriterium verwenden.

Wir betrachten noch eine andere Implementation des Newtonverfahrens. Sie beruht darauf, dass das Polynom P_n bei jedem Iterationsschritt um den jeweiligen Näherungswert x umentwickelt wird:

$$P_n(x+h) = a_0 + a_1 h + \cdots + a_n h^n$$

Wegen $a_0 = P_n(x)$ und $a_1 = P_n'(x)$ lautet der Newtoniterationschritt einfach

$$x := x - a_0/a_1.$$

Bei jedem Iterationsschritt wird der Koeffizient a_0 kleiner. Ist schliesslich x eine Nullstelle, so wird theoretisch $a_0 = 0$ und es ist

$$P_n(x+h) = h(a_1 + a_2 h + \cdots + a_n h^{n-1}),$$

sodass die restlichen Nullstellen diejenigen von

$$P_{n-1}(x+h) = a_1 + a_2 h + \cdots + a_n h^{n-1}$$

sind. Die Deflation wird also bei dieser Darstellung von P_n besonders einfach. Allerdings gibt die Neuberechnung aller Koeffizienten mittels des vollständigen Hornerschemas Mehrarbeit pro Iterationsschritt. In reeller Arithmetik resultiert das folgende Programm:

Algorithmus 4.9

```
program newum;
(* reelle Newtoniteration mit Umentwickeln *)
type koeff= array [0..10] of real;
var a: koeff; n, grad, i, j: integer; h, x: real;

procedure newtoniteration;
begin
    writeln('Startwert?'); read(h); h := h - x;
    while abs(a[0]) > 1E - 6 do
    begin
        x := x + h;
        for j := 0 to n do
        for i := n - 1 downto j do
            a[i] := a[i + 1] * h + a[i];
        writeln('x,p,ps',x, a[0], a[1]);
        h := -a[0]/a[1];
    end
end;

procedure deflation;
begin
    writeln('Nullstelle Nr.',grad + 1 - n, x,' P(x)=',a[0]);
    for i := 1 to n do a[i - 1] := a[i];
end;

begin
    writeln('Grad, a[0],...,a[n] ?');
    read(grad); for i := 0 to grad do read(a[i]);
    x := 0;
    for n := grad downto 1 do
    begin
        newtoniteration;
        deflation;
    end
end.
```

Für dieses Programm gelten dieselben kritischen Bemerkungen wie für Algorithmus 4.7. Es wird nur brauchbar, wenn komplex gerechnet wird und das Abbruchkriterium mittels Gleichung (4.27) verbessert wird. Pro Iterationsschritt ist der Rechenaufwand zwar grösser als bei Algorithmus 4.7, das Programm ist jedoch etwas einfacher und kürzer.

Aufgabe 4.17 *Man ändere die beiden Newtonprogramme Algorithmus 4.7 und 4.9 so ab, dass komplex gerechnet wird, und dass sie auch für Polynome mit komplexen Koeffizienten funktionieren. Man breche die Iteration ab, wenn*

$$|P_n(s)| < 10 * \varepsilon * \sum_{i=0}^{n} |a_i||s|^i,$$

wobei ε die Maschinengenauigkeit bedeutet.

4.6 Der Algorithmus von Nickel

Von Nickel stammt die folgende Verallgemeinerung des Newtonverfahrens für Polynomnullstellen. Die Taylorentwicklung des Polynoms P_n an der Stelle x sei

$$P_n(x + h) = a_0 + a_1 h + \cdots + a_n h^n.$$

Wenn man nun die Gleichung $P_n(x + h) = 0$ betrachtet:

$$a_0 + a_1 h + \cdots + a_j h^j + \cdots + a_n h^n = 0, \qquad (4.28)$$

so ist die Newtonkorrektur h Lösung von

$$a_0 + a_1 h = 0, \qquad (4.29)$$

d.h. (4.29) ist nur dann eine gute Approximation der Gleichung (4.28), wenn die Summanden $|a_2 h^2|, \ldots, |a_n h^n|$ sehr klein gegenüber $|a_1 h|$ sind.

Die Idee von Nickel besteht nun darin, die Gleichung (4.28) durch die Gleichung

$$a_0 + a_j h^j = 0 \qquad (4.30)$$

zu ersetzen, wobei j so gewählt wird, dass $|a_j h^j|$ *möglichst gross* ist. Dies ist der Fall, wenn $a_j \neq 0$ ist und als Lösung von (4.30)

$$h = \sqrt[j]{-\frac{a_0}{a_j}} \tag{4.31}$$

ein möglichst kleines $|h|$ resultiert, d.h. man wählt also j so, dass

$$|h| = \sqrt[j]{\left|\frac{a_0}{a_j}\right|} = \min_{\substack{1 \leq i \leq n \\ a_i \neq 0}} \sqrt[i]{\left|\frac{a_0}{a_i}\right|} \tag{4.32}$$

ist. Die Newtonkorrektur $h = a_0/a_1$ ist der Spezialfall $j = 1$ der durch (4.31) und (4.32) definierten Nickelkorrektur. Die Nickelkorrektur verhindert eine Division durch 0, wenn zufällig $P_n'(x) = a_1 = 0$ ist. Als h kann man irgendeine der k komplexen Wurzeln von (4.31) wählen. Wir werden im unten skizzierten Program den Hauptwert verwenden. Die Nickelkorrektur hat den Vorteil, dass sie auch bei reellen Polynomen komplex wird; dadurch werden auch komplexe Nullstellen berechnet (das Newtonverfahren kann diese bei reellen Startwerten nicht finden). Für die Programmierung des Nickelalgorithmus kann als grobes Programm der Algorithmus 4.9 übernommen werden. Wir müssen lediglich die Prozedur *newtoniteration* ersetzen durch:

procedure *nickeliteration;*
begin
    while $abs(a[0]) > 1E{-}10$ **do**
    begin

$$(* \ \textit{bestimme} \quad h = \sqrt[j]{-\frac{a_0}{a_j}} \quad \textit{so, dass} \quad |h| = \min *) \tag{4.33}$$

        for $j := 0$ **to** n **do**
        for $i := n - 1$ **downto** j **do**

$$a[i] := a[i+1] * h + a[i]; \tag{4.34}$$

        $x := x + h;$
    end
end

Wir verzichten hier auf die Wahl eines Startwertes, d.h. der Startwert der Iteration ist immer 0, denn beim Einlesen der Polynomkoeffizienten ist die Entwicklungsstelle $x = 0$. Dies ist keine wesentliche Einschränkung, da auch bei reellen Polynomen der Nickelschritt komplex wird. Noch müssen wir den Kommentar (4.33) programmieren und darauf achten, dass alle Operationen in (4.34) in komplexer Arithmetik durchgeführt werden. Zur Berechnung des Hauptwertes der j-ten Wurzel

$$h = \sqrt[j]{-\frac{a_0}{a_j}} \tag{4.35}$$

ist es zweckmässig, die Exponentialdarstellung von komplexen Zahlen zu verwenden. Sei

$$z = x + iy = re^{i\varphi}, \tag{4.36}$$

dann sind alle j-ten Wurzeln gegeben durch

$$\sqrt[j]{z} = \sqrt[j]{r}\, e^{\frac{i\varphi}{j} + \frac{2\pi i}{j}k}$$
$$k = 0, 1, \ldots, j-1. \tag{4.37}$$

Da wir den Hauptwert wollen, ist die gesuchte Wurzel

$$\sqrt[j]{r}\, e^{\frac{i\varphi}{j}}. \tag{4.38}$$

Der Übergang von $(x, y) \longrightarrow (r, \varphi)$ in (4.36) wird durch die Umwandlung der kartesischen Koordinaten in Polarkoordinaten besorgt (Siehe dazu die Prozedur *topolar* in Kap. 2). Viele Computer, insbesondere Taschenrechner, haben diese Umwandlung als Unterprogramm schon fest eingebaut.

Die Division $a[0]/a[j]$ in (4.35) kann ebenfalls durch Umwandlung der komplexen Zahlen $a[0]$ und $a[j]$ in Exponentialform durchgeführt werden. Wenn wir die komplexen Polynomkoeffizienten mit

$$ar[j] + i\, ai[j], \quad j = 0, 1, \ldots, n$$

bezeichnen, so lässt sich $h = h1 + i\, h2$ durch folgendes Programmstück berechnen:

```
topolar(-ar[0], -ai[0], r0, phi0);
rmin := 1E10;
for j := 1 to n do
begin
    topolar(ar[j], ai[j], rj, phij);
    if rj <> 0 then
    begin
        r := exp(ln(r0/rj)/j);
        if r <= rmin then
        begin
            rmin := r; phi := (phi0 - phij)/j;
        end
    end
end;
h1 := rmin * cos(phi); h2 := rmin * sin(phi);
```

Aufgabe 4.18 *Man schreibe ein Programm für das Nickelverfahren und verbessere das Abbruchkriterium wie in Aufgabe 4.17.*

4.7 Das Verfahren von Laguerre

Bei den beiden besprochenen Verfahren von Newton und Nickel zur Berechnung von Polynomnullstellen konvergiert die Folge der Näherungen quadratisch gegen eine einfache Nullstelle. Wir wollen nun das Verfahren von *Laguerre* herleiten, bei dem die Konvergenz kubisch ist. Bei dieser Methode wird das gegebene Polynom $P_n(x)$ in der Nähe einer Nullstelle s durch das spezielle Polynom $g(x) = a(x - x_1)(x - x_2)^{n-1}$ approximiert. Die drei Parameter a, x_1 und x_2 werden so gewählt, dass P mit g an der (festen) Stelle x gut übereinstimmt, d.h. dass

$$\begin{aligned}
P(x) &= g(x) \\
P'(x) &= g'(x) \\
P''(x) &= g''(x)
\end{aligned} \qquad (4.39)$$

gilt. An Stelle der Nullstelle s von P berechnet man die Nullstelle x_1 von g durch Auflösen einer quadratischen Gleichung und hofft, dass diese eine gute Approximation von s ist. Wenn x in der Nähe einer einfachen Nullstelle s von P liegt, ist x_1 eine bessere Näherung und man kann iterieren, d.h. ein neues Polynom g für $x = x_1$ berechnen. Um x_1 aus den Gleichungen (4.39) zu bestimmen, schreiben wir diese ausführlicher auf:

$$
\begin{aligned}
I: \quad & P_n(x) = a(x - x_1)(x - x_2)^{n-1} \\
II: \quad & P_n'(x) = a(x - x_2)^{n-1} + a(x - x_1)(n-1)(x - x_2)^{n-2} \\
III: \quad & P_n''(x) = 2a(n-1)(x - x_2)^{n-2} \\
& \qquad\qquad + a(n-1)(n-2)(x - x_1)(x - x_2)^{n-3}
\end{aligned}
\qquad (4.40)
$$

Wir können die Unbekannte a sofort eliminieren, indem wir die Quotienten

$$
\begin{aligned}
\frac{II}{I} : \frac{P_n'(x)}{P_n(x)} &= \frac{1}{x - x_1} + \frac{n-1}{x - x_2} \\
\frac{III}{I} : \frac{P_n''(x)}{P_n(x)} &= \frac{2(n-1)}{(x - x_1)(x - x_2)} + \frac{(n-1)(n-2)}{(x - x_2)^2}
\end{aligned}
$$

bilden. Mit den Abkürzungen

$$
P = P_n(x), \; P' = P_n'(x), \; P'' = P_n''(x), \; z = \tfrac{1}{x - x_1} \text{ und } w = \tfrac{n-1}{x - x_2}
$$

ergibt sich

$$
\begin{aligned}
\frac{P'}{P} &= z + w \\
\frac{P''}{P} &= 2zw + \frac{n-2}{n-1} w^2
\end{aligned}
\qquad (4.41)
$$

Löst man die erste Gleichung von (4.41) nach w auf und setzt den Ausdruck in die Zweite ein, so ergibt sich eine quadratische Gleichung für z:

$$
z^2 - \frac{2P'}{nP} z + \left((1 - \tfrac{1}{n}) P P'' - (1 - \tfrac{2}{n}) P'^2 \right) \frac{1}{P^2} = 0. \qquad (4.42)
$$

Die Auflösung ergibt

$$
z = \frac{P'}{nP} + \sqrt{ \left(\frac{P'}{nP} \right)^2 - (1 - \tfrac{1}{n}) \frac{P P''}{P^2} + (1 - \tfrac{2}{n}) \left(\frac{P'}{P} \right)^2 },
$$

wobei mit der Wurzel die beiden komplexen Wurzeln verstanden werden. Wegen $x - x_1 = \frac{1}{z}$ ist

$$x - x_1 = \frac{nP}{P' + \sqrt{(n-1)^2 P'^2 - n(n-1)PP''}}. \qquad (4.43)$$

Es ist sinnvoll, jene komplexe Wurzel in (4.43) zu verwenden, bei der der Realteil positiv ist, damit wird der Betrag des Nenners am grössten und somit die Korrektur am kleinsten. Wir erhalten somit die *Laguerre-Iteration*:

$$x_1 = x - \frac{P}{P'} \frac{n}{1 + \sqrt{(n-1)^2 - n(n-1)\frac{PP''}{P'^2}}} \qquad (4.44)$$

Aufgabe 4.19 *Man beweise, dass die durch die Laguerre-Iteration erhaltene Folge kubisch konvergiert. Hinweis: Man verwende den Satz 3.5.*

Aufgabe 4.20 *Man schreibe ein Programm für die Laguerre-Iteration. Man verwende dabei*

a) *Die Prozedur csqrt (vgl. Kap 2), um die komplexe Wurzel zu berechnen.*

b) *Die benötigte zweite Ableitung von P ergibt sich aus den beiden ersten Zeilen des Hornerschemas. Wir geben hier das Programmstück für reelle Arithmetik an:*

```
pss := 0; ps := 0; p := 0;
for i := n downto 0 do
begin
    pss := pss * x + 2 * ps;
    ps := ps * x + p;
    p := p * x + a[i];
end;
(* Es ist p = P(x), ps = P'(x) und pss = P''(x) *)
```

Aufgabe 4.21 *Die Gleichung*

$$\tan(x) = \sin(x) - \cos(x)$$

*kann durch die Substitution $t = \sin(x)$ und $\cos(x) = \sqrt{1-t^2}$ bzw.
$\tan(x) = t/\sqrt{1-t^2}$ auf eine Gleichung 4. Grades in t umgeformt
werden. Man löse diese Gleichung mit einem der Verfahren für Polynomnullstellen.*

Aufgabe 4.22 *Die Gleichung*

$$1 + \cos x + \cos^2 x + \cos^3 x + \cos^4 x = 2$$

*hat eine Lösung $x \in (0, \frac{\pi}{2})$. Man löse die Gleichung durch die Substi-
tution $z = \cos x$.*

Aufgabe 4.23 *Die goniometrische Gleichung*

$$\cos(x) + \sin(2x) = -0.5$$

*kann mittels $\sin(2x) = 2\sin x \cos x$ und $\cos x = \sqrt{1 - \sin^2 x}$ und der
Substitution $z = \sin x$ auf eine Gleichung 4.Grades umgeformt werden.
Man löse sie mittels eines der behandelten Verfahren.*

Aufgabe 4.24 *Bei einem rechtwinkligen Dreieck $(\gamma = 90°)$ ist die
Seite $c = 5cm$. Die Winkelhalbierende von α schneidet die Seite b im
Punkte P. Die Strecke $\overline{PC}$ beträgt 1 cm. Man berechne die Seiten
a und b. Man führe die entstehende Gleichung auf eine Polynomgleichung zurück (eventuell durch eine geeignete Substitution).*

Kapitel 5
Lineare Gleichungssysteme

Von allen numerischen Berechnungen, die auf einem Computer durchgeführt werden, ist wohl das Auflösen von linearen Gleichungssystemen
eine der am häufigsten auftretenden Aufgaben. Der Grund dafür ist
einerseits, dass oft das mathematische Modell linear ist, andrerseits,
dass nichtlineare Probleme durch eine Folge von linearen gelöst werden. Als Einführungsbeispiel betrachten wir hier eine geometrische
Aufgabe.

Beispiel 5.1 *Gesucht wird der gemeinsame Schnittpunkt dreier Ebenen, die in Normalform gegeben sind (dabei werden die Koordinatenachsen mit x_1, x_2 und x_3 bezeichnet):*

$$\begin{array}{rrrrrl}
\alpha : & 4x_1 & + & x_2 & + & x_3 = 2 \\
\beta : & & & x_2 & + & 2x_3 = 3 \\
\gamma : & -5x_1 & + & & & 2x_3 = 5
\end{array} \tag{5.1}$$

Die Gleichungen (5.1) stellen ein *lineares Gleichungssystem* dreier Gleichungen mit drei Unbekannten dar. Allgemein kann ein Gleichungssystem von n Gleichungen mit n Unbekannten in *Komponentenschreibweise* als

$$\begin{array}{ccc}
a_{11}x_1 + \cdots + a_{1n}x_n &=& b_1 \\
a_{21}x_1 + \cdots + a_{2n}x_n &=& b_2 \\
\vdots \qquad \vdots \qquad \vdots &\ & \vdots \\
a_{n1}x_1 + \cdots + a_{nn}x_n &=& b_n
\end{array} \tag{5.2}$$

geschrieben werden. Dabei sind die a_{ij} die *Koeffizienten* und die b_i die
rechte Seite. Man fasst die Koeffizienten in der *Matrix*

$$\mathbf{A} = \begin{pmatrix}
a_{11} & a_{12} & \ldots & a_{1n} \\
a_{21} & a_{22} & \ldots & a_{2n} \\
\vdots & \vdots & \ddots & \vdots \\
a_{n1} & a_{n2} & \ldots & a_{nn}
\end{pmatrix} \tag{5.3}$$

zusammen. Ebenso führt man für die rechte Seite den *Vektor*

$$\mathbf{b} = \begin{pmatrix} b_1 \\ \vdots \\ b_n \end{pmatrix} \tag{5.4}$$

und den *Unbekanntenvektor*

$$\mathbf{x} = \begin{pmatrix} x_1 \\ \vdots \\ x_n \end{pmatrix} \tag{5.5}$$

ein. Man erhält damit die *Matrixschreibweise* des Gleichungssystems (5.2)

$$\mathbf{A}\mathbf{x} = \mathbf{b}. \tag{5.6}$$

Beim Beispiel (5.1) ist

$$\mathbf{A} = \begin{pmatrix} 4 & 1 & 1 \\ 0 & 1 & 2 \\ -5 & 0 & 2 \end{pmatrix} \quad \text{und} \quad \mathbf{b} = \begin{pmatrix} 2 \\ 3 \\ 5 \end{pmatrix} \tag{5.7}$$

Matrizen und Vektoren werden in PASCAL durch die Datenstruktur **array** dargestellt. Die Deklaration für das Gleichungssystem lautet damit

```
const n = 3;
type matrix = array [1..n, 1..n] of real;
     vektor = array [1..n] of real;
var a : matrix; b, x : vektor;
```

Man kann eine Matrix auffassen als *Vektor von Kolonnenvektoren*:

$$\mathbf{A} = (\mathbf{cA}_1, \mathbf{cA}_2, \ldots, \mathbf{cA}_n) \tag{5.8}$$

wobei

$$\mathbf{cA}_i := \begin{pmatrix} a_{1i} \\ \vdots \\ a_{ni} \end{pmatrix} \tag{5.9}$$

der i-te Kolonnenvektor von **A** bedeutet ('c' als Abkürzung für das englische 'column'). Analog kann die Matrix **A** auch als Vektor von *Zeilenvektoren* aufgefasst werden

$$\mathbf{A} = \begin{pmatrix} \mathbf{rA}_1 \\ \vdots \\ \mathbf{rA}_n \end{pmatrix} \tag{5.10}$$

wobei nun

$$\mathbf{rA}_k = (a_{k1}, \ldots, a_{kn})$$

den k-ten Zeilenvektor bedeutet ('r' für englisch 'row'). Wenn wir in PASCAL die Deklaration

```
const n = 3;
type vektor = array [1..n] of real;
     matrix = array [1..n] of vektor;
var a : matrix; b, x : vektor;
```

verwenden, so ist diese aequivalent mit der ersten, d.h. man kann für das Element a_{32} den Ausdruck $a[3,2]$ oder $a[3][2]$ benützen. Mit der letzten Deklaration ist es aber möglich, die Zeilenvektoren der Matrix zu gebrauchen. Es ist

$$a[3] = \mathbf{rA}_3.$$

Kolonnenvektoren können in PASCAL nicht adressiert werden.

5.1 Theoretische Lösung

Mit Hilfe von Determinanten kann die Lösung des Systems (5.6) explizit dargestellt werden. Wir erinnern an einige Begriffe der Linearen Algebra.

Definition 5.1 *Unter der* Determinante *einer Matrix* **A** *versteht man die Zahl*

$$det(\mathbf{A}) = \sum_{\mathbf{k}} (-1)^{\delta(\mathbf{k})} a_{1k_1} a_{2k_2} a_{3k_3} \ldots a_{nk_n}, \tag{5.11}$$

wobei der Indexvektor **k** *alle Permutationen der Zahlen* $\{1, 2, \ldots, n\}$ *durchläuft und* $\delta(\mathbf{k})$ *gleich 0 bzw. 1 ist, wenn* **k** *eine gerade bzw. ungerade Permutation ist.*

Beispiele : Für $n = 2$ ist

$$det \begin{pmatrix} a_{11} & a_{12} \\ a_{21} & a_{22} \end{pmatrix} = a_{11}a_{22} - a_{12}a_{21} \tag{5.12}$$

und für $n = 3$ erhält man

$$det \begin{pmatrix} a_{11} & a_{12} & a_{13} \\ a_{21} & a_{22} & a_{23} \\ a_{31} & a_{32} & a_{33} \end{pmatrix} = \begin{array}{l} a_{11}a_{22}a_{33} - a_{11}a_{23}a_{32} + a_{12}a_{23}a_{31} \\ \\ -a_{12}a_{21}a_{33} + a_{13}a_{21}a_{32} - a_{13}a_{22}a_{31} \end{array} \tag{5.13}$$

Statt mit der Definition (5.11) kann man Determinanten auch oft einfacher rekursiv mit der *Laplace'schen Entwicklung* berechnen. Es gilt nämlich

$$det(\mathbf{A}) = \sum_{j=1}^{n} a_{ij}(-1)^{i+j} det(M_{ij}), \tag{5.14}$$

dabei bedeutet M_{ij} jene $(n-1) \times (n-1)$ Matrix, welche aus $\mathbf{A}$ entsteht, wenn die i-te Zeile und die j-te Kolonne gestrichen wird. Anstatt wie in Gleichung (5.14) nach der i-ten Zeile kann man auch die Determinante nach einer Kolonne der Matrix entwickeln. Für Determinanten gilt ferner die Gleichung

$$det(\mathbf{AB}) = det(\mathbf{A})det(\mathbf{B}). \tag{5.15}$$

Mit Hilfe dieser Gleichung gelingt es einen expliziten Ausdruck für die Lösung des Linearen Gleichungssystems (5.6) anzugeben. Wir ersetzen dazu in der Einheitsmatrix

$$\mathbf{I} = \begin{pmatrix} 1 & 0 & \cdots & 0 \\ 0 & 1 & \cdots & 0 \\ \vdots & & \ddots & \vdots \\ 0 & \cdots & 0 & 1 \end{pmatrix}$$

den i-ten Kolonnenvektor $\mathbf{e}_i$ durch den Vektor $\mathbf{x}$ und erhalten die Matrix

$$\mathbf{E} = (\mathbf{e}_1, \ldots, \mathbf{e}_{i-1}, \mathbf{x}, \mathbf{e}_{i+1}, \ldots, \mathbf{e}_n).$$

Die Determinante davon ist einfach

$$det(\mathbf{E}) = x_i, \tag{5.16}$$

wie man sofort sieht, wenn man die Determinante nach der i-ten Zeile entwickelt. Es gilt ferner

$$\mathbf{AE} = (\mathbf{Ae}_1, \ldots, \mathbf{Ae}_{i-1}, \mathbf{Ax}, \mathbf{Ae}_{i+1}, \ldots, \mathbf{Ae}_n)$$

und wegen $\mathbf{Ax} = \mathbf{b}$ und $\mathbf{Ae}_k = \mathbf{cA}_k$ ist

$$\mathbf{AE} = (\mathbf{cA}_1, \ldots, \mathbf{cA}_{i-1}, \mathbf{b}, \mathbf{cA}_{i+1}, \ldots, \mathbf{cA}_n) \tag{5.17}$$

Bezeichnet man die Matrix auf der rechten Seite von (5.17) mit $\mathbf{A}_i$ und berechnet man auf beiden Seiten die Determinante, so ist

$$det(\mathbf{A})det(\mathbf{E}) = det(\mathbf{A}_i)$$

und wegen Gleichung (5.16) erhalten wir den

Satz 5.1 *(Cramer'sche Regel): Das Gleichungssystem* $\mathbf{Ax} = \mathbf{b}$ *hat, falls* $det(\mathbf{A}) \neq 0$ *ist , die eindeutige Lösung*

$$x_i = \frac{det(\mathbf{A}_i)}{det(\mathbf{A})}, \quad i = 1, 2, \ldots, n \tag{5.18}$$

dabei ist $\mathbf{A}_i$ *die Matrix, welche aus* $\mathbf{A}$ *hervorgeht, wenn die i-te Kolonne durch* $\mathbf{b}$ *ersetzt wird.*

Das folgende Programm löst ein Lineares Gleichungssystem nach der Cramer Regel für $n = 3$:

Algorithmus 5.1
```
      program cramer;
      type vektor = array [1..3] of real;
           matrix = array [1..3] of vektor;
      var a, ai : matrix;
         b : vektor;
         i, j : integer; deta : real;
```

```
function det(a : matrix) : real;
begin
   det := a[1,1] * a[2,2] * a[3,3] − a[1,1] * a[2,3] * a[3,2]
          +a[1,2] * a[2,3] * a[3,1] − a[1,2] * a[2,1] * a[3,3]
          +a[1,3] * a[2,1] * a[3,2] − a[1,3] * a[2,2] * a[3,1]
end;


begin
   for i := 1 to 3 do
   begin
      writeln( 'Gleichung Nr.',i:2,' eingeben');
      for j := 1 to 3 do read(a[i,j]); read(b[i]);
   end;


   deta := det(a);
   writeln( 'det(A)=',deta);
   if deta = 0 then writeln( 'nicht loesbar')
   else
   for i := 1 to 3 do
   begin
      ai := a;
      for j := 1 to 3 do ai[j,i] := b[j];
      writeln( 'x[',i : 1,']=',det(ai)/deta)
   end
end.
```

Für das Gleichungssystem (5.1) erhält man den folgenden Output
auf dem Bildschirm :

```
Gleichung Nr.   1 eingeben
4 1 1 2
Gleichung Nr.   2 eingeben
0 1 2 3
Gleichung Nr.   3 eingeben
-5 0 2 5
det(A)= 3.000000000E+0
x[1]=   1.000000000E+0
```

```
x[2]= -7.000000000E+0
x[3]=  5.000000000E+0
```

Für $n > 3$ ist die Cramerregel für die praktische Auflösung von linearen Gleichungssystemen ungeeignet. Der Rechenaufwand für die Berechnung der Determinanten nach (5.14) ist enorm, und zudem kann numerische Auslöschung auftreten und die Resultate verfälschen. Die Cramerregel ist also kein numerisch stabiler Algorithmus. Um das zu demonstrieren, geben wir das folgende Programmstück an, mit welchem eine Determinante für beliebiges n nach der Laplace'schen Entwicklung (5.14) berechnet wird. Wir entwickeln nach der ersten Zeile der Matrix. Da in PASCAL die Rekursion möglich ist, wird das Programm relativ einfach. Im Unterprogram *copy* wird die Matrix M_{1i} gebildet, welche aus A durch Streichen der ersten Zeile und der i-ten Kolonne entsteht.

Algorithmus 5.2

```
        function det(n:integer; a:matrix) : real;
        var v,i : integer; d: real; mi : matrix ;

        procedure copy(i:integer; var b: matrix);
        var k,j : integer ;
        begin for k := 1 to n − 1 do
            for j := 1 to n − 1 do
                if i > j then b[k, j] := a[k + 1, j]
                else b[k, j] := a[k + 1, j + 1]
        end;

        begin
            if n = 1 then det := a[1, 1]
            else
            begin
                d := 0; v := 1;
                for i := 1 to n do
                begin
                    copy(i, mi);
                    d := d + v ∗ a[1, i] ∗ det(n − 1, mi);
```

$$v := -v$$
$$\textbf{end};$$
$$det := d$$
$$\textbf{end}$$
$$\textbf{end}$$

Aufgabe 5.1 *Unter Verwendung der Funktion* det *schreibe man ein vollständiges Programm zur Lösung von linearen Gleichungssystemen mittels der Cramerregel. Man zeige an Beispielen, dass es für grössere n instabil ist und schätze den Rechenaufwand ab.*

5.2 Das Gauss'sche Eliminationsverfahren

Beim Gauss'schen Eliminationsverfahren versucht man das gegebene lineare Gleichungssystem auf ein äquivalentes mit einer Dreiecksmatrix als Koeffizientenmatrix überzuführen. Solche Systeme sind nämlich, wie wir gleich sehen werden, einfach zu lösen.

Beispiel 5.2

$$\begin{aligned}
3x_1 + 5x_2 - x_3 &= 2 \\
2x_2 - 7x_3 &= -16 \\
- 4x_3 &= -8
\end{aligned} \tag{5.19}$$

Die Koeffizientenmatrix R von (5.19) ist eine *obere Dreiecksmatrix*

$$\mathbf{R} = \begin{pmatrix} 3 & 5 & -1 \\ 0 & 2 & -7 \\ 0 & 0 & -4 \end{pmatrix}$$

denn unterhalb der Hauptdiagonalen sind lauter Nullen. Das Gleichungssystem (5.19) kann leicht durch *Rückwärtseinsetzen* gelöst werden. Dabei bestimmt man x_3 aus der letzten Gleichung: $x_3 = 2$. Dieser Wert wird in der zweitletzten Gleichung eingesetzt und man kann x_2 berechnen: $x_2 = -1$. Schliesslich setzt man x_2 und x_3 in der ersten Gleichung ein und kann x_1 bestimmen : $x_1 = 3$. Ist $\mathbf{R}$ eine $n \times n$ Matrix und löst man in $\mathbf{Rx} = \mathbf{b}$ die i-te Gleichung nach x_i auf, so ist

$$x_i = (b_i - \sum_{j=i+1}^{n} r_{ij}x_j)/r_{ii}.$$

Man erhält somit für das Rückwärtseinsetzen den

Algorithmus 5.3

```
        procedure rueckwaertseinsetzen(n:integer;
                  r:matrix; b:vektor; var x:vektor);
        var i,j : integer; s : real;
        begin
           for i := n downto 1 do
           begin
              s := b[i];
              for j := i + 1 to n do s := s - r[i,j] * x[j];
              x[i] := s/r[i,i];
           end
        end
```

In $n-1$ Eliminationsschritten wird nun das gegebenen Gleichungssystem in ein äquivalentes mit einer Rechtsdreiecksmatrix übergeführt. Ein Gleichungssystem geht in ein äquivalentes über, wenn man zu einer Gleichung ein Vielfaches einer anderen dazu addiert. Ein Eliminationsschritt besteht darin, dass man durch Addition von geeigneten Vielfachen einer Gleichung eine Unbekannte in den restlichen Gleichungen eliminiert.

Sei

$$
\begin{array}{ccccccc}
a_{11}x_1 & + & a_{12}x_2 & + \ldots + & a_{1n}x_n & = & b_1 \\
\vdots & & \vdots & & \vdots & & \vdots \\
a_{k1}x_1 & + & a_{k2}x_2 & + \ldots + & a_{kn}x_n & = & b_k \\
\vdots & & \vdots & & \vdots & & \vdots \\
a_{n1}x_1 & + & a_{n2}x_2 & + \ldots + & a_{nn}x_n & = & b_n
\end{array}
\qquad (5.20)
$$

das gegebene Gleichungssystem. Im ersten Schritt wird die erste Gleichung stehen gelassen und die übrigen werden verändert indem mit Hilfe der ersten Gleichung die Unbekannte x_1 aus den Gleichungen Nr.2 bis n eliminiert wird. Dies geschieht durch

```
        for k := 2 to n do
```
$\{\text{neue Gleichung Nr.k}\} := \{\text{Gl.Nr.k}\} - \frac{a_{k1}}{a_{11}} \{\text{Gl.Nr.1}\}.$

Es entsteht ein $(n-1) \times (n-1)$ Gleichungssystem, das nur noch die Unbekannten $x_2, \ldots, x_n$ enthält. Dieses System wird wieder um eine Unbekannte verkleinert, indem die zweite Gleichung stehen gelassen wird und nun x_2 aus aus den Gleichungen Nr.2 bis n eliminiert wird. Man fährt so fort bis nur noch eine Gleichung mit einer Unbekannten vorhanden ist. Damit hat man das Gleichungssystem auf ein äquivalentes mit einer Rechtsdreiecksmatrix zurückgeführt. Der Prozess kann grob durch zwei **for** -Schleifen beschrieben werden:

$$\textbf{for } i := 1 \textbf{ to } n-1 \textbf{ do}$$
$$\textbf{for } k := i+1 \textbf{ to } n \textbf{ do}$$
$$\{neue\ Gleichung\ Nr.k\} := \{Gl.Nr.k\} - \tfrac{a_{ki}}{a_{ii}} \{Gl.Nr.i\}$$

Für die Koeffizienten der neuen k-ten Gleichung gilt:

$$a_{kj} := a_{kj} - \frac{a_{ki}}{a_{ii}} a_{ij} \quad \text{für} \quad j = i+1, \ldots, n$$

und

$$b_k := b_k - \frac{a_{ki}}{a_{ii}} b_i.$$

Es resultiert für die Elimination daher folgendes Programm:

Algorithmus 5.4

```
        procedure elimination;
        var faktor : real; i,j,k : integer;
        begin
            for i := 1 to n-1 do
            for k := i+1 to n do
            begin
                faktor := a[k,i]/a[i,i];
                for j := i+1 to n do
                    a[k,j] := a[k,j] - faktor * a[i,j];
                b[k] := b[k] - faktor * b[i]
            end
        end
```

Diese Prozedur ist leider noch nicht vollständig, denn es gibt Fälle, bei denen sie nicht funktioniert. Im i-ten Eliminationsschritt wird die i-te Gleichung verwendet, um die Unbekannte x_i aus den restlichen

Gleichungen zu eliminieren. Dies kann nicht gelingen, wenn die i-te Gleichung x_i zufällig gar nicht enthält.

Beispiel 5.3

$$\begin{aligned}
x_2 + 3x_3 &= -6 \\
2x_1 - x_2 + x_3 &= 10 \\
-3x_1 + 5x_2 - 7x_3 &= 10
\end{aligned}$$

Weil die erste Gleichung die Unbekannte x_1 gar nicht enthält, kann sie nicht benützt werden, um x_1 in den beiden nächsten Gleichungen zu eliminieren.

Da es auf die Reihenfolge der Gleichungen nicht ankommt, ist es am einfachsten, wenn man in einem solchen Fall die Gleichungen *vertauscht* und dafür sorgt, dass das *Pivotelement* $a_{ii} \neq 0$ ist. Von der numerischen Stabilität her gesehen genügt $a_{ii} \neq 0$ nicht, es muss auch getauscht werden, wenn die Unbekannte x_i nur 'schwach' enthalten ist. Man kann dies sofort am folgenden Beispiel sehen.

Beispiel 5.4 *Sei ε eine kleine Zahl z.B. 10^{-7}. Wir betrachten das System*

$$\begin{aligned}
\varepsilon x_1 + x_2 &= 3 \\
2x_1 + 3x_2 &= 7
\end{aligned} \tag{5.21}$$

Wird mittels der ersten Gleichung von (5.21) die Unbekannte x_1 aus der zweiten eliminiert, so entsteht das System

$$\begin{aligned}
\varepsilon x_1 + x_2 &= 3 \\
(3 - \tfrac{2}{\varepsilon})x_2 &= 7 - \tfrac{2}{\varepsilon}3
\end{aligned} \tag{5.22}$$

Wenn man die zweite Gleichung von (5.22) mit dem Faktor $-\tfrac{\varepsilon}{2}$ multipliziert, entsteht

$$(1 - \frac{3}{2}\varepsilon)x_2 = 3 - \frac{7}{2}\varepsilon,$$

woraus man sieht, dass für kleines ε die beiden Zeilenvektoren der Koeffizientenmatrix von (5.22) numerisch fast linear abhängig sind. Die Lösung ist durch dieses System schlecht bestimmt und man kann nur *noch schlechte Ergebnisse erwarten. Wenn wir dagegen die Gleichungen tauschen und dann eliminieren, so erhalten wir*

$$2x_1 + \qquad 3x_2 = \qquad 7$$
$$(1 - \tfrac{\varepsilon}{2}3)x_2 = (3 - \tfrac{\varepsilon}{2}7) \tag{5.23}$$

Hier sind nun die Zeilenvektoren deutlich linear unabhängig und die Lösung kann numerisch stabil berechnet werden.

Wir müssen somit eine *Pivotstrategie* anwenden, damit die Elimination numerisch stabil durchgeführt werden kann. Wir wollen die Kolonnenmaximumstrategie anwenden, bei der man jene Gleichung mit der i-ten Gleichung vertauscht, bei der der Koeffizient von x_i betragsmässig am grössten ist. Die Suche nach dem grössten Koeffizienten geschieht durch

```
jmax := i;
for j := i + 1 to n do
if abs(a[j, i]) > abs(a[jmax, i]) then jmax := j;
(* jetzt muss man Gleichungen Nr.i und jmax tauschen *)
```

Wenn $a[jmax, i] = 0$ ist, d.h. wenn in keiner der Gleichungen die Unbekannte x_i vorkommt, muss die Elimination abgebrochen werden; das System ist singulär, weil die Koeffizientenmatrix des reduzierten Systems einen Nullvektor enthält.

Wir können nun das gesamte Programm zusammenstellen:

Algorithmus 5.5

```
program gauss;
const nn = 20;
type vektor = array [1..nn] of real;
     matrix = array [1..nn] of vektor;


var a: matrix; b,x : vektor; i,n : integer; sing : boolean;


procedure eingabe( var a : matrix; var b : vektor);
var i,j : integer;
begin
    writeln('eine Gleichung nach der andern eingeben');
```

```pascal
      for i := 1 to n do
      begin
          writeln('Gleichung Nr.',i : 3);
          for j := 1 to n do read(a[i,j]); readln(b[i])
      end
  end;


  procedure singulaer;
  begin
      writeln('Matrix ist singulaer');
  end;


  procedure rueckwaertseinsetzen(n:integer;
              r:matrix; b:vektor; var x:vektor);
  var i,j : integer; s : real;
  (* Algorithmus 5.3 *)
  begin
      for i := n downto 1 do
      begin
          s := b[i];
          for j := i + 1 to n do s := s - r[i,j] * x[j];
          x[i] := s/r[i,i];
      end
  end;


  procedure elimination;
  var i, j, k, jmax : integer; h : vektor; z, faktor : real;
  begin
      i := 0 ;
      repeat
          i := i + 1;
          (* Pivotsuche *)
          jmax := i;
          for j := i + 1 to n do
          if abs(a[j,i]) > abs(a[jmax,i]) then jmax := j;
          sing := a[jmax,i] = 0 ;
```

```
        if sing then singulaer
        else
        begin
            (* Gleichungen tauschen *)
            if jmax <> i then
            begin
                h := a[i]; a[i] := a[jmax]; a[jmax] := h;
                z := b[i]; b[i] := b[jmax]; b[jmax] := z
            end;

            (* Elimination *)
            for k := i + 1 to n do
            begin
                faktor := a[k, i]/a[i, i];
                for j := i + 1 to n do
                    a[k, j] := a[k, j] − faktor * a[i, j];
                b[k] := b[k] − faktor * b[i]
            end
        end
    until (i = n) or sing end;

    begin
        writeln('Wieviele Unbekannte ?'); read(n);
        eingabe(a, b);
        elimination;
        if not sing then
        begin rueckwaertseinsetzen(n, a, b, x);
            writeln('Loesung');
            for i := 1 to n do write(x[i]);
        end
    end.
```

Zum Algorithmus 5.5 sind noch zwei Bemerkungen zu machen:

1. Der Index i der **repeat**-Schleife in der Prozedur *elimination*
   läuft bis n. So wird auch geprüft, ob in der letzten Gleichung
   der Koeffizient $a_{nn} = 0$ und damit das System singulär ist.

2. Beim Vertauschen der Gleichungen machen wir von der PASCAL Möglichkeit ganze Zeilen zu adressieren Gebrauch.

Die Gausselimination wird durchsichtiger, wenn man sie mit Hilfe von Matrizenrechnung formuliert. Die Elimination von x_1 in den Gleichungen Nr. 2 bis n kann durch eine Matrixmultiplikation beschrieben werden. Wir betrachten die Matrix

$$\mathbf{C}^{(1)} = \begin{pmatrix} 1 & 0 & 0 & \cdots & 0 \\ -\frac{a_{21}}{a_{11}} & 1 & 0 & \cdots & 0 \\ \vdots & \vdots & & \ddots & \vdots \\ -\frac{a_{n1}}{a_{11}} & 0 & 0 & \cdots & 1 \end{pmatrix} \tag{5.24}$$

und multiplizieren damit von links das Gleichungssystem

$$\mathbf{A}\mathbf{x} = \mathbf{b}.$$

Da bei der Matrixmultiplikation das assoziative Gesetz gilt, ist

$$(\mathbf{C}^{(1)}\mathbf{A})\mathbf{x} = \mathbf{C}^{(1)}\mathbf{b} \tag{5.25}$$

wie man leicht nachrechnet, das System, das man nach dem ersten Eliminationsschritt erhält: die erste Gleichung bleibt unverändert und die restlichen enthalten die Unbekannte x_1 nicht mehr. Wenn wir die Elemente der Matrix $(\mathbf{C}^{(1)}\mathbf{A})$ mit a'_{ik} bezeichnen, so kann man analog durch die Matrix

$$\mathbf{C}^{(2)} = \begin{pmatrix} 1 & 0 & 0 & \cdots & 0 \\ 0 & 1 & 0 & \cdots & 0 \\ 0 & -\frac{a'_{31}}{a'_{22}} & 1 & \cdots & 0 \\ \vdots & \vdots & \vdots & \ddots & \vdots \\ 0 & -\frac{a'_{n2}}{a'_{22}} & 0 & \cdots & 1 \end{pmatrix} \tag{5.26}$$

die Unbekannte x_2 aus den Gleichungen Nr. 3 bis n eliminieren, indem das System (5.25) von links damit multipliziert wird:

$$(\mathbf{C}^{(2)}\mathbf{C}^{(1)}\mathbf{A})\mathbf{x} = \mathbf{C}^{(2)}\mathbf{C}^{(1)}\mathbf{b} \tag{5.27}$$

Wenn man so fortfährt, erhält man schliesslich

$$(\mathbf{C}^{(n-1)}\cdots\mathbf{C}^{(1)}\mathbf{A})\mathbf{x} = \mathbf{C}^{(n-1)}\cdots\mathbf{C}^{(1)}\mathbf{b}, \qquad (5.28)$$

wobei

$$(\mathbf{C}^{(n-1)}\cdots\mathbf{C}^{(1)}\mathbf{A}) = \mathbf{R}. \qquad (5.29)$$

eine obere Dreiecksmatrix ist. Die Matrizen $\mathbf{C}^{(i)}$ sind *untere Dreiecksmatrizen*. Sie sind sehr leicht zu invertieren, denn zum Beispiel ist die Inverse $\mathbf{C}^{-(1)}$ von $\mathbf{C}^{(1)}$:

$$\mathbf{C}^{-(1)} = \begin{pmatrix} 1 & 0 & 0 & \cdots & 0 \\ +\frac{a_{21}}{a_{11}} & 1 & 0 & \cdots & 0 \\ \vdots & \vdots & & \ddots & \vdots \\ +\frac{a_{n1}}{a_{11}} & 0 & 0 & \cdots & 1 \end{pmatrix} \qquad (5.30)$$

Man muss also nur die Vorzeichen wechseln. Wenn wir die $\mathbf{C}^{(i)}$ in der Gleichung (5.29) auf die rechte Seite bringen, so ergibt sich

$$\mathbf{A} = \mathbf{C}^{-(1)}\cdots\mathbf{C}^{-(n-1)}\mathbf{R}. \qquad (5.31)$$

Das Produkt von Dreiecksmatrizen ist wieder eine Dreiecksmatrix, also ist

$$\mathbf{L} = \mathbf{C}^{-(1)}\cdots\mathbf{C}^{-(n-1)} \qquad (5.32)$$

eine untere Dreiecksmatrix und zwar ist

$$\mathbf{L} = \begin{pmatrix} 1 & 0 & 0 & \cdots & 0 \\ \frac{a_{21}}{a_{11}} & 1 & 0 & \cdots & 0 \\ \frac{a_{31}}{a_{11}} & \frac{a'_{32}}{a'_{22}} & 1 & \cdots & 0 \\ \vdots & \vdots & \vdots & \ddots & \vdots \\ \frac{a_{n1}}{a_{11}} & \frac{a'_{n2}}{a'_{22}} & \frac{a''_{n3}}{a''_{33}} & \cdots & 1 \end{pmatrix} \qquad (5.33)$$

d.h. $\mathbf{L}$ ist aus den *Multiplikationsfaktoren* aufgebaut, die für die Elimination verwendet werden. Die Gleichung (5.31) lautet damit

$$\mathbf{A} = \mathbf{L}\cdot\mathbf{R} \qquad (5.34)$$

und wir haben eine *Dreieckszerlegung* von $\mathbf{A}$ erhalten, d.h. $\mathbf{A}$ ist das Produkt einer unteren mal einer oberen Dreiecksmatrix. Werden noch vor jedem Eliminationsschritt Gleichungen vertauscht, so erhält man die Dreieckszerlegung einer Matrix,welche aus **A** durch Zeilentausch hervorgeht. Wir haben damit den

Satz 5.2 *Das Gauss'sche Eliminationsverfahren mit Kolonnenmaximumstrategie ist ein Algorithmus, um die Dreieckszerlegung*

$$\mathbf{PA} = \mathbf{LR} \tag{5.35}$$

zu berechnen. Dabei bedeutet **P** eine Permutationsmatrix, *also eine Matrix, welche in jeder Kolonne und in jeder Zeile genau eine 1 hat und sonst lauter Nullen.*

Das Auflösen kann nun wie folgt durchgeführt werden:

1. Dreieckszerlegung der Koeffizientenmatrix $\mathbf{PA} = \mathbf{LR}$

2. Vertauschen der rechten Seite $\tilde{\mathbf{b}} = \mathbf{Pb}$ und Lösen von

$$\mathbf{Ly} = \tilde{\mathbf{b}} \tag{5.36}$$

   durch *Vorwärtseinsetzen.*

3. Lösen von

$$\mathbf{Rx} = \mathbf{y} \tag{5.37}$$

   durch Rückwärtseinsetzen.

Der Vorteil dieser Anordnung ist, dass man für eine neue rechte Seite **b** die Dreieckszerlegung nicht neu zu berechnen braucht. Es genügt, die Schritte 2 und 3 zu wiederholen.

Aufgabe 5.2 *Man schreibe ein Programm, das lineare Gleichungssysteme mit rationalen Koeffizienten ohne Rundungsfehler exakt löst. Vorgehen: Die Koeffizienten haben den Typus*

```
type bruch = record
             zaehler, nenner : Longint
       end
```

Das Programm gauss *kann übernommen und modifiziert werden. Alle Operationen müssen durch entsprechende Prozeduraufrufe ersetzt werden, z.B. wird aus*

$$faktor := a[k, i]/a[i, i]$$

jetzt

$$division(a[k, i], a[i, i], faktor);$$

Die Prozedur division *führt die Division der beiden Brüche in integer Arithmetik aus. Um einen Überlauf möglichst zu vermeiden, muss nach jeder Operation das Resultat gekürzt werden. Man verwende dazu den den Euklid'schen Algorithmus (siehe Kap. 2).*

Aufgabe 5.3 *Man schreibe ein Programm, das lineare Gleichungssysteme mit komplexen Koeffizienten löst.*
Vorgehen: Man könnte analog wie bei der Aufgabe 5.2 alle Operationen durch entsprechende Prozeduren für komplexe Arithmetik ersetzen. Wir wollen aber hier einen anderen Weg zeigen, der darin besteht, das komplexe Gleichungssystem auf ein reelles mit doppelt sovielen Unbekannten zurückzuführen. Es genügt dann, aus den komplexen Koeffizienten das reelle System aufzustellen, welches dann mittels des Programms gauss *gelöst werden kann. Sei also*

$$\mathbf{Cz} = \mathbf{d} \tag{5.38}$$

das gegebene System, wobei $\mathbf{C}$ *eine komplexe* $n \times n$ *Matrix und* $\mathbf{d}$ *ein Vektor mit komplexen Komponenten ist. Wir trennen* $\mathbf{C}$ *und* $\mathbf{d}$ *in Real- und Imaginärteil:*

$$\mathbf{C} = \mathbf{A} + i\mathbf{B} \quad und \quad \mathbf{d} = \mathbf{e} + i\mathbf{f}$$

Auch für den Unbekanntenvektor machen wir den Ansatz

$$\mathbf{z} = \mathbf{x} + i\mathbf{y}.$$

Die Gleichung (5.38) lautet dann

$$(\mathbf{A} + i\mathbf{B})(\mathbf{x} + i\mathbf{y}) = \mathbf{e} + i\mathbf{f}.$$

Wenn wir ausmultiplizieren und ordnen, ist

$$(\mathbf{Ax} - \mathbf{By}) + i(\mathbf{Ay} + \mathbf{Bx}) = \mathbf{e} + i\mathbf{f}. \tag{5.39}$$

Die Gleichung (5.39) kann nur gelten, wenn Real- und Imaginärteile auf beiden Seiten übereinstimmen, d.h. wenn

$$\begin{aligned} \mathbf{Ax} - \mathbf{By} &= \mathbf{e} \\ \mathbf{Bx} + \mathbf{Ay} &= \mathbf{f} \end{aligned} \qquad (5.40)$$

Die Gleichungen (5.40) stellen aber ein $(2n)\times(2n)$ lineares Gleichungssystem mit reellen Koeffizienten für den Unbekanntenvektor

$$\mathbf{w} := \begin{pmatrix} \mathbf{x} \\ \mathbf{y} \end{pmatrix}$$

dar, nämlich

$$\begin{pmatrix} \mathbf{A} & -\mathbf{B} \\ \mathbf{B} & \mathbf{A} \end{pmatrix} \mathbf{w} = \begin{pmatrix} \mathbf{e} \\ \mathbf{f} \end{pmatrix}$$

Aufgabe 5.4 *Für das lineare Gleichungssystem*

$$\begin{pmatrix} 2 & 1 & 3 & -1 \\ -6 & 0 & 1 & -1 \\ 4 & 2 & 0 & 1 \\ 2 & 2 & 2 & 0 \end{pmatrix} \begin{pmatrix} x_1 \\ x_2 \\ x_3 \\ x_4 \end{pmatrix} = \begin{pmatrix} 5 \\ -5 \\ 7 \\ 6 \end{pmatrix}$$

bestimme man die drei Eliminationsmatrizen $\mathbf{C}^{(i)}$ sowie die Dreieckszerlegung. Die Elimination kann ohne Vertauschungen durchgeführt werden.

Aufgabe 5.5 *Man zeige, dass das Produkt von zwei oberen (bzw. unteren) Dreiecksmatrizen wieder eine obere (bzw. untere) Dreiecksmatrix ist.*

Aufgabe 5.6 *Wenn ein Gleichungssystem eine singuläre Koeffizientenmatrix besitzt, kann es infolge der Rundungsfehler vorkommen, dass das Gleichungssystem numerisch nicht singulär ist, weil die Rundungsfehler verhindern, dass bei der Elimination ein Kolonnenvektor des reduzierten Systems exakt null wird. Die Lösung, die man erhält, ist entweder unsinnig gross (in diesem Fall war das System inkompatibel) oder man merkt ihr gar nichts an (das System ist lösbar und wir erhalten eine der unendlich vielen Lösungen des inhomogenen Systems).*

Sollte einmal der Fall auch numerisch auftreten, dass die Prozedur singulaer *aufgerufen wird, zeigt sich, dass es oft besser ist, künstlich dem Pivotelement a_{ii} einen kleinen Wert, etwa*

$$a_{ii} := \max_{i,j} |a_{ij}| \varepsilon,$$

wobei ε die Maschinengenauigkeit bedeutet, zuzuweisen und die Rechnung fortzusetzen. Erhält man eine grosse Lösung $\mathbf{x}$, so kann man diese normieren (etwa durch die grösste Komponente dividieren) und erhält so eine Lösung des homogenen Systems. Man ändere die Prozedur singulaer *entsprechend ab und führe einige Experimente mit singulären Gleichungssystemen durch.*

Aufgabe 5.7 *Man schreibe ein Programm für die Auflösung von linearen Gleichungssystemen mittels Gauss'scher Dreieckszerlegung. Das Programm* gauss *kann dabei so geändert werden, dass zuerst nur die Dreieckszerlegung*

$$\mathbf{PA = LR}$$

berechnet wird. Anschliessend können beliebig viele rechte Seiten eingelesen werden und die zugehörigen Lösungen werden durch Vorwärts- und Rückwärtseinsetzen berechnet. Die Zeilenvertauschungen merkt man sich am einfachsten mittels einem Permutationsvektor

$$zeile : \mathbf{array}\ [1..n]\ \mathbf{of}\ integer;$$

Zu Beginn wird der Vektor zeile *durch*

$$\mathbf{for}\ i := 1\ \mathbf{to}\ n\ \mathbf{do}\ zeile[i] := i;$$

initialisiert. Bei jeder Vertauschung werden auch die entsprechenden Komponenten von zeile *mitgetauscht*

$$j := zeile[i];\ zeile[i] := zeile[jmax];\ zeile[jmax] := j$$

Die Umordnung des Vektors $\mathbf{b}$ *erfolgt dann durch*

$$\mathbf{for}\ i := 1\ \mathbf{to}\ n\ \mathbf{do}\ \tilde{b}[i] := b[zeile[i]]$$

Die Matrix **A** *kann durch die beiden Matrizen* **L** *und* **R** *überschrieben werden. An Stelle der in* **A** *entstehenden Nullen speichert man die Elemente der Matrix* **L** *ab. Die Diagonale von* **L** *braucht nicht gespeichert zu werden, da sie immer 1 ist.*

Aufgabe 5.8 *Man schreibe ein Programm, um numerisch stabil die Determinante einer Matrix* **A** *zu berechnen.*
Vorgehen: Man berechne die Dreieckszerlegung von **A**

$$\mathbf{PA} = \mathbf{LR} \tag{5.41}$$

Weil die Determinante einer Dreiecksmatrix gleich dem Produkt der Diagonalelemente und die Determinante einer Permutationsmatrix ± 1 *ist, folgt aus (5.41)*

$$det(\mathbf{A}) = (-1)^{Anz.Vertauschungen} \prod_{i=1}^{n} r_{ii}$$

5.3 Elimination durch Givensrotationen

In diesem Abschnitt wird ein Eliminationsverfahren vorgestellt, das zwar rechenaufwendiger als das Gauss-Eliminationsverfahren ist, dafür aber einfacher programmiert werden kann und sich auch für Ausgleichsprobleme, d.h. für das Lösen von überbestimmten linearen Gleichungssystemen nach der Methode der kleinsten Quadrate, eignet.

Im i-ten Eliminationsschritt, bei dem x_i aus den Gleichungen Nr. $i+1$ bis n eliminiert werden soll, geht man nun wie folgt vor. Es sei

$$
\begin{aligned}
(i): \quad & a_{ii}x_i + \ldots + a_{in}x_n = b_i \\
& \vdots \qquad\qquad\qquad \vdots \\
(k): \quad & a_{ki}x_i + \ldots + a_{kn}x_n = b_k \\
& \vdots \qquad\qquad\qquad \vdots \\
(n): \quad & a_{ni}x_i + \ldots + a_{nn}x_n = b_n
\end{aligned}
\tag{5.42}
$$

das reduzierte System. Um x_i aus der Gleichung (k) zu eliminieren, multiplizieren wir die Gleichung (i) mit $-\sin\alpha$ und die Gleichung (k) mit $\cos\alpha$ und ersetzen die Gleichung (k) durch die Linearkombination

$$(k)_{neu} := -\sin\alpha \cdot (i) + \cos\alpha \cdot (k), \tag{5.43}$$

dabei wird α so bestimmt, dass

$$a_{ki}^{neu} := -\sin\alpha \cdot a_{ii} + \cos\alpha \cdot a_{ki} = 0. \tag{5.44}$$

Falls schon $a_{ki} = 0$ war, muss nichts getan werden, da die Unbekannte x_i in der Gleichung (k) schon eliminiert ist. Andernfalls kann man aus (5.44)

$$\cot\alpha = \frac{a_{ii}}{a_{ki}} \tag{5.45}$$

berechnen und daraus mittels bekannten trigonometrischen Identitäten die gesuchten Werte $\cos\alpha$ und $\sin\alpha$ durch

$$\begin{aligned}
cot &:= a[i,i]/a[k,i]; \\
si &:= 1/sqrt(1 + cot * cot); \\
co &:= si * cot;
\end{aligned} \tag{5.46}$$

erhalten.

Bei dieser Elimination ersetzt man nicht nur die Gleichung (k) sondern auch (scheinbar unnötigerweise) die Gleichung (i) durch

$$(i)_{neu} := \cos\alpha \cdot (i) + \sin\alpha \cdot (k). \tag{5.47}$$

Dadurch wird die Suche nach einem geeigneten Pivot überflüssig. Wir illustrieren das an dem Fall, wo $a_{ii} = 0$ und $a_{ki} \neq 0$ ist. Hier wird $\cot\alpha = 0$ und damit $\sin\alpha = 1$ und $\cos\alpha = 0$. Man sieht sofort, dass die beiden Zuweisungen (5.43) und (5.47) nichts anderes als eine Vertauschung der Gleichungen (k) und (i) bewirken ! Die Programmierung der Elimination ist nun einfach. Man muss nur darauf achten, dass alte Matrixelemente nicht voreilig überschrieben werden, was mittels der Hilfsvariabeln h erreicht wird:

Algorithmus 5.6

```
procedure givenselimination;
var i,j,k : integer; cot, co, si, h : real;
begin
    for i := 1 to n do
    begin for k := i + 1 to n do
        if a[k,i] <> 0 then
        begin
```

```
        cot := a[i, i]/a[k, i];
        si := 1/sqrt(1 + cot * cot); co := si * cot;
        a[i, i] := a[i, i] * co + a[k, i] * si;
        for j := i + 1 to n do
        begin
            h := a[i, j] * co + a[k, j] * si;
            a[k, j] := -a[i, j] * si + a[k, j] * co;
            a[i, j] := h
        end;
        h := b[i] * co + b[k] * si;
        b[k] := -b[i] * si + b[k] * co;
        b[i] := h
    end;
    if a[i, i] = 0 then singulaer
end
end
```

Diese Prozedur *givenselimination* kann im Programm *gauss*, Algorithmus 5.5, an Stelle der Prozedur *elimination* verwendet werden. Wenn nach dem i-ten Eliminationsschritt $a_{ii} = 0$ ist, bedeutet dies, dass das Gleichungssystem singulär ist, denn die Matrix des reduzierten Systems enthält einen Nullvektor. Es wird dann die Prozedur *singulaer* von *gauss* aufgerufen.

Wie bei der Gausselimination gewinnt man auch hier mehr Einsicht in das Verfahren, wenn wir es mit Matrizenrechnung formulieren. Wir betrachten dazu die 3×3 Matrix

$$
\mathbf{G} = \begin{pmatrix} c & s & 0 \\ -s & c & 0 \\ 0 & 0 & 1 \end{pmatrix} \tag{5.48}
$$

wobei $c := \cos \alpha$ und $s := \sin \alpha$ bedeuten. Wenn wir damit eine 3×3 Matrix $\mathbf{A}$ von links multiplizieren, so entsteht

$$
\mathbf{GA} = \begin{pmatrix} c\mathbf{rA}_1 + s\mathbf{rA}_2 \\ -s\mathbf{rA}_1 + c\mathbf{rA}_2 \\ \mathbf{rA}_3 \end{pmatrix} \tag{5.49}
$$

d.h. die Multiplikation bewirkt, dass die beiden ersten Zeilen $\mathbf{rA}_1$ und $\mathbf{rA}_2$ von $\mathbf{A}$ mit den Faktoren c und s linear kombiniert werden. Vergleicht man diese Linearkombinationen mit den Gleichungen (5.43) und (5.47), so sieht man, dass sie ihnen genau entsprechen, wenn wir statt der ersten und zweiten Zeile die Zeilen (i) und (k) betrachten. Die Elimination von x_i im reduzierten System (5.42) kann also einfach durch die Multiplikation des Systems von links mit der *Givensrotationsmatrix*

$$
\mathbf{G}^{(ik)} = \begin{pmatrix}
1 & 0 & \cdots & & & & & & & \cdots & 0 \\
0 & \ddots & & & & & & & & & \vdots \\
\vdots & & 1 & & & & & & & & \\
& & & c & 0 & \cdots & 0 & s & & & \\
& & & 0 & 1 & & & 0 & & & \\
& & & \vdots & & \ddots & & \vdots & & & \\
& & & 0 & & & 1 & 0 & & & \\
& & & -s & 0 & \cdots & 0 & c & & & \\
& & & & & & & & 1 & & \vdots \\
\vdots & & & & & & & & & \ddots & 0 \\
0 & \cdots & & & & & & & \cdots & 0 & 1
\end{pmatrix}
\tag{5.50}
$$

erreicht werden. $\mathbf{G}^{(ik)}$ ist eine Matrix, welche sich von der Einheitsmatrix nur in den 4 Elementen

$$
\begin{aligned}
g_{ii} &= g_{kk} = c = \cos\alpha \\
g_{ik} &= -g_{ki} = s = \sin\alpha
\end{aligned}
\tag{5.51}
$$

unterscheidet. Alle Matrizen $\mathbf{G}^{(ik)}$ sind *orthogonal*, d.h. dass die Kolonnenvektoren zueinander senkrecht stehen und die Länge 1 haben oder als Matrixgleichung ausgedrückt: es gilt

$$
\mathbf{G}^T\mathbf{G} = \mathbf{I},
\tag{5.52}
$$

was bedeutet, dass bei orthogonalen Matrizen *die Inverse gleich der Transponierten* ist.

Die Elimination lässt sich also darstellen durch das Matrixprodukt

$$
\mathbf{G}^{(n-1,n)} \cdots \mathbf{G}^{(13)}\mathbf{G}^{(12)}\mathbf{A}\mathbf{x} = \mathbf{G}^{(n-1,n)} \cdots \mathbf{G}^{(13)}\mathbf{G}^{(12)}\mathbf{b},
\tag{5.53}
$$

wobei

$$R = G^{(n-1,n)} \cdots G^{(13)} G^{(12)} A \qquad (5.54)$$

wieder eine obere Dreiecksmatix ist. Wegen Gleichung (5.52) lässt sich die Gleichung (5.54) einfach nach **A** auflösen:

$$A = G^{(12)T} G^{(13)T} \cdots G^{(n-1,n)T} R.$$

Das Produkt von orthogonalen Matrizen ist wieder orthogonal, somit ist

$$Q := G^{(12)T} G^{(13)T} \cdots G^{(n-1,n)T}$$

eine orthogonale Matrix und wir haben bewiesen:

Satz 5.3 *Das Eliminationsverfahren mit Givensrotationsmatrizen ist ein Algorithmus, der die Koeffizientenmatrix* **A** *in das Produkt einer orthogonalen mal einer Rechtsdreiecksmatrix zerlegt:*

$$A = Q \cdot R \qquad (5.55)$$

Die Gleichung (5.55) heisst *QR-Zerlegung* von **A**.

Aufgabe 5.9 *Man zeige, dass das Produkt zweier orthogonaler Matrizen wieder eine orthogonale Matrix ergibt.*

Aufgabe 5.10 *Man schreibe ein Programm, welches die QR-Zerlegung einer Matrix* **A** *berechnet und die Matrizen* **Q** *und* **R** *ausdruckt. Hinweis: Man kann dazu die Prozedur* givenselimination *abändern, so dass die Givensrotationsmatrizen zusammenmultipliziert werden. Man kann aber auch das Programm* gauss *zusammen mit der Prozedur* givenselimination *unverändert benützen und durch geeignete Wahl der rechten Seiten* **b** *und dem Ausdrucken von* **b** *vor dem Rückwärtseinsetzen die Matrix* **Q** *kolonnenweise berechnen.*

5.4 Ausgleichsrechnung

Wir betrachten in diesem Abschnitt *überbestimmte lineare Gleichungssysteme*, d.h. Systeme mit *mehr* Gleichungen als Unbekannten. Im allgemeinen werden sich die Gleichungen widersprechen und somit keine

Lösung haben. Man kann nun versuchen eine 'möglichst gute Lösung' zu finden, indem man dafür sorgt, dass alle Gleichungen zwar nicht exakt aber wenigstens ausgeglichen möglichst gut erfüllt sind.

Auf den ersten Blick scheint es nicht sinnvoll zu sein, überbestimmte lineare Gleichungssysteme zu betrachten, denn meistens werden diese keine Lösung haben. Falls sie aber lösbar sind, so kann man die überzähligen Gleichungen weglassen, vorausgesetzt man weiss welche! Wir betrachten im folgenden zwei Beispiele, die natürlicherweise auf ein überbestimmtes Gleichungssystem führen.

Beispiel 5.5 *Schnitt von zwei Geraden im Raum. Die beiden Geraden g und h seien jeweils durch einen Punkt und einen Richtungsvektor gegeben:*

$$g : \mathbf{X} = \mathbf{P} + \lambda\mathbf{r}$$
$$h : \mathbf{Y} = \mathbf{Q} + \mu\mathbf{s}$$

Falls die Geraden sich schneiden, muss es ein λ und ein μ geben, so dass

$$\mathbf{P} + \lambda\mathbf{r} = \mathbf{Q} + \mu\mathbf{s} \tag{5.56}$$

ist. Wenn wir die Gleichung (5.56) ordnen und in Komponenten aufschreiben, erhalten wir

$$\begin{pmatrix} r_1 & -s_1 \\ r_2 & -s_2 \\ r_3 & -s_3 \end{pmatrix} \begin{pmatrix} \lambda \\ \mu \end{pmatrix} = \begin{pmatrix} Q_1 - P_1 \\ Q_2 - P_2 \\ Q_3 - P_3 \end{pmatrix} \tag{5.57}$$

ein System von 3 Gleichungen mit 2 Unbekannten. Falls die Gleichungen kompatibel sind (d.h. eine Lösung existiert) , gibt es einen Schnittpunkt, den man berechnen kann, indem nur 2 Gleichungen verwendet werden. Falls sich die Geraden aber nicht schneiden, also windschief sind, ist es sinnvoll, jene beiden Punkte $\mathbf{X}$ auf g und $\mathbf{Y}$ auf h zu bestimmen, für die der Abstandsvektor $\mathbf{r} = \mathbf{X} - \mathbf{Y}$ die kleinste Länge hat

$$\|\mathbf{r}\|^2 = min.$$

Der Abstand der beiden Punkte definiert den Abstand der Geraden.

Beispiel 5.6 *Häufig treten überbestimmte Gleichungssysteme in technischen Anwendungen auf, wo aus vielen Messdaten wenige Parameter* *bestimmt werden sollen. Von einer Wurfparabel seien zum Beispiel die 4 Punkte*

$$\begin{array}{c|cccc} x & 1 & 2 & 3 & 4 \\ \hline y & 5 & 7 & 5 & 1 \end{array}$$

gemessen worden. Drei Punkte würden schon genügen, um die Koeffizienten a, b und c der Parabel

$$p(x) = ax^2 + bx + c \tag{5.58}$$

zu bestimmen. Verwendet man alle 4 Punkte, so erhält man das Gleichungssystem

$$\begin{pmatrix} 1 & 1 & 1 \\ 4 & 2 & 1 \\ 9 & 3 & 1 \\ 16 & 4 & 1 \end{pmatrix} \begin{pmatrix} a \\ b \\ c \end{pmatrix} = \begin{pmatrix} 5 \\ 7 \\ 5 \\ 1 \end{pmatrix} \tag{5.59}$$

Das System (5.59) hat keine Lösung, denn die Gleichungen sind inkompatibel. Durch die ersten drei Punkte verläuft die Parabel

$$p(x) = -2x^2 + 8x - 1$$

und es ist $p(4) = -1 \neq 1$ wie vom vierten Punkt gefordert. Wenn man berücksichtigt, dass die 4 Punkte mit Messfehlern behaftet sind, so ist es vielleicht sinnvoller, nicht zu verlangen, dass die gesuchte Parabel durch die Punkte gehe, sondern sie so zu wählen, dass der Differenzenvektor

$$r_i = p(x_i) - y_i \quad i = 1, 2, 3, 4$$

möglichst kurz wird, d.h. dass wiederum die Gleichung

$$\|\mathbf{r}\|^2 = min \tag{5.60}$$

gilt.

Wir formulieren die in (5.60) gestellte Aufgabe etwas allgemeiner. Sei

$$\mathbf{Ax} = \mathbf{b} \tag{5.61}$$

ein überbestimmtes Gleichungssystem von m Gleichungen mit n Unbekannten und $m > n$. Der Vektor $\mathbf{x}$ soll so bestimmt werden, dass der *Residuenvektor*

$$\mathbf{r} = \mathbf{A}\mathbf{x} - \mathbf{b} \tag{5.62}$$

möglichst kurz wird, d.h. dass

$$\|\mathbf{r}\|^2 = \sum_{i=1}^{m} r_i^2 = min \tag{5.63}$$

ist. Ein Vektor $\mathbf{x}$, der (5.63) minimiert, heisst eine Lösung von (5.61) nach der *Methode der kleinsten Quadrate*. Mit Differentialrechnung kann man zeigen, dass $\mathbf{x}$ eine Lösung der *Gauss'schen Normalgleichungen*

$$\mathbf{A}^T\mathbf{A}\mathbf{x} = \mathbf{A}^T\mathbf{b} \tag{5.64}$$

ist. Das System (5.64) ist ein Gleichungssystem von n Gleichungen mit n Unbekannten. Es zeigt sich aber, dass das System schlecht konditioniert ist. Der neue numerisch stabile Weg zur Berechnung von $\mathbf{x}$ erfolgt über die QR-Zerlegung von $\mathbf{A}$. Wir benützen dabei die Tatsache, dass mit $\mathbf{Q}$ auch $\mathbf{Q}^T$ orthogonal ist und dass lineare Abbildungen mit orthogonalen Matrizen längentreu sind. Ist also $\mathbf{y}$ ein beliebiger Vektor und $\mathbf{Q}$ eine orthogonale Matrix, so gilt

$$\|\mathbf{y}\|^2 = \|\mathbf{Q}\mathbf{y}\|^2 = \|\mathbf{Q}^T\mathbf{y}\|^2.$$

Sei nun also

$$\mathbf{A} = \mathbf{Q}\begin{pmatrix} \mathbf{R} \\ \mathbf{0} \end{pmatrix}$$

die QR-Zerlegung von $\mathbf{A}$, wobei $\mathbf{Q}$ eine $m \times m$ und $\mathbf{R}$ eine $n \times n$ Matrix ist. Dann gilt

$$\|\mathbf{r}\|^2 = \|\mathbf{A}\mathbf{x} - \mathbf{b}\|^2 = \left\|\mathbf{Q}\begin{pmatrix} \mathbf{R} \\ \mathbf{0} \end{pmatrix}\mathbf{x} - \mathbf{b}\right\|^2.$$

Da $\mathbf{Q}^T$ orthogonal ist, dürfen wir in die Norm von links hineinmultiplizieren und erhalten wegen $\mathbf{Q}^T\mathbf{Q} = \mathbf{I}$

$$\|\mathbf{r}\|^2 = \left\|\begin{pmatrix} \mathbf{R} \\ \mathbf{0} \end{pmatrix}\mathbf{x} - \begin{pmatrix} \mathbf{c} \\ \mathbf{d} \end{pmatrix}\right\|^2 \tag{5.65}$$

wobei

$$\mathbf{Q}^T\mathbf{b} = \begin{pmatrix} \mathbf{c} \\ \mathbf{d} \end{pmatrix}$$

ist. Aus Gleichung (5.65) kann die Lösung abgelesen werden. Variiert man $\mathbf{x}$, ändern nur die ersten n Komponenten des Vektors auf der rechten Seite, die restlichen $m-n$ Komponenten, die festbleiben, bilden den Vektor $\mathbf{d}$. Es ist also

$$\|\mathbf{r}\|^2 = \|\mathbf{R}\mathbf{x} - \mathbf{c}\|^2 + \|\mathbf{d}\|^2 \tag{5.66}$$

und das Minimum wird offensichtlich angenommen, wenn der erste Summand von (5.66) null gesetzt wird, d.h. wenn

$$\mathbf{R}\mathbf{x} = \mathbf{c} \quad \text{(Rückwärtseinsetzen)} \tag{5.67}$$

ist. Wir haben damit folgende Rechenregel bewiesen: *Mittels des Givenseliminationsverfahrens werde das überbestimmte lineare Gleichungssystem* $\mathbf{A}\mathbf{x} = \mathbf{b}$ *auf die aequivalente Form*

$$\begin{pmatrix} \mathbf{R} \\ \mathbf{0} \end{pmatrix} \mathbf{x} = \begin{pmatrix} \mathbf{c} \\ \mathbf{d} \end{pmatrix}$$

transformiert. Ist $\mathbf{d} = \mathbf{0}$, *dann ist das System kompatibel und die Lösung ergibt sich durch Rückwärtseinsetzen in* $\mathbf{R}\mathbf{x} = \mathbf{c}$. *Für* $\mathbf{d} \neq \mathbf{0}$ *ist das System unlösbar; die Lösung* $\mathbf{x}$ *nach der Methode der kleinsten Quadrate wird jedoch ebenfalls durch Rückwärtseinsetzen erhalten.*

Löst man das Gleichungssystem (5.57) von Beispiel 5.5 (Schnitt zweier Geraden) mittels des Givensalgorithmus, so besteht $\mathbf{d}$ nur aus einer Komponente d_1. Ist $d_1 = 0$, so liefert das Rückwärtseinsetzen die Parameterwerte für den Schnittpunkt. Ist aber $d_1 \neq 0$, so bedeutet d_1 (bis auf das Vorzeichen) den *Abstand* der beiden Geraden und die beiden Parameterwerte λ und μ liefern die beiden Punkte, die einander am nächsten sind.

Aufgabe 5.11 *Man zeige, dass die lineare Abbildung* $\mathbf{y}=\mathbf{Q}\mathbf{x}$ *mit der orthogonalen Matrix* $\mathbf{Q}$ *längentreu ist.*

Aufgabe 5.12 *Man setze die Prozedur* givenselimination *in das Programm* gauss *anstelle der Prozedur* elimination *ein und ändere sie so ab, dass überbestimmte Gleichungssysteme gelöst werden können.*

Aufgabe 5.13 *Die Givenselimination für Taschenrechner.*

Man schreibe ein Programm für die zeilenweise Elimination mittels Givensrotationen. Das PASCAL Programm kann dann leicht für Taschenrechner übersetzt werden (Siehe Kap.8).

Taschenrechner haben meistens kleine Speicher. Man kann die Elimination so anordnen, dass nicht alle Gleichungen am Anfang in den Speicher eingelesen werden müssen. Man kann dabei eine Gleichung nach der anderen verarbeiten, d.h. soviele Unbekannte eliminieren als schon Gleichungen eingelesen wurden.Man speichert lediglich die Rechtsdreiecksmatix $\mathbf{R}$ und die rechte Seite $\mathbf{c}$ ab. Um wirklich nur die Elemente der Rechtsdreiecksmatrix zu speichern, kann durch die Vorschrift

$$r_{ij} = v[i + j * (j - 1)/2]$$

die Matrix $\mathbf{R}$ auf den Vektor $\mathbf{v}$ abgebildet werden. Damit werden die Nullen von $\mathbf{R}$ nicht gespeichert. Bei Ausgleichsproblemen kann nach jeder neuen Gleichung eine Zwischenlösung berechnet werden und auch, falls gewünscht, das neue $\|\mathbf{r}\|^2$ nachgeführt werden.

Wir zeigen die Idee der zeilenweisen Elimination für $n = 4$. Wir nehmen an, wir hätten schon 2 Gleichungen eingelesen und verarbeitet, d.h. x_1 wurde in der 2. Gleichung schon eliminiert. Wenn wir die rechte Seite als $n + 1$-ste Kolonne auch in der Matrix $\mathbf{R}$ abspeichern, so haben wir bisher die Matrix

$$\mathbf{R} = \begin{pmatrix} r_{11} & r_{12} & r_{13} & r_{14} & | & r_{15} \\ 0 & r_{22} & r_{23} & r_{24} & | & r_{25} \end{pmatrix} \tag{5.68}$$

Nun lesen wir die nächste Gleichung ein, deren Koeffizienten wir mit d_i bezeichnen:

$$d_1 x_1 + d_2 x_2 + d_3 x_3 + d_4 x_4 = d_5.$$

Fügen wir sie zum System (5.68) hinzu, so erhalten wir die neue Matrix:

$$\mathbf{A} = \begin{pmatrix} r_{11} & r_{12} & r_{13} & r_{14} & | & r_{15} \\ 0 & r_{22} & r_{23} & r_{24} & | & r_{25} \\ d_1 & d_2 & d_3 & d_4 & | & d_5 \end{pmatrix} \tag{5.69}$$

Wir wollen nun in der dritten Zeile die Unbekannten x_1 und x_2 eliminieren. Dazu wählen wir eine Matrix $\mathbf{G}^{(13)}$ so, dass bei der Multiplikation mit (5.69) von links $d_1 = 0$ wird. Dabei ändert in (5.69) nur die *erste und die letzte Zeile. Wenn wir der Einfachheit halber die neuen Koeffizienten wieder mit r_{ik} und d_i bezeichnen, erhält man*

$$\mathbf{G}^{(13)}\mathbf{A} = \begin{pmatrix} r_{11} & r_{12} & r_{13} & r_{14} & | & r_{15} \\ 0 & r_{22} & r_{23} & r_{24} & | & r_{25} \\ 0 & d_2 & d_3 & d_4 & | & d_5 \end{pmatrix} \tag{5.70}$$

Bei der nächsten Multiplikation mit $\mathbf{G}^{(23)}$ wird $d_2 = 0$ und man erhält

$$\mathbf{G}^{(23)}\mathbf{G}^{(13)}\mathbf{A} = \begin{pmatrix} r_{11} & r_{12} & r_{13} & r_{14} & | & r_{15} \\ 0 & r_{22} & r_{23} & r_{24} & | & r_{25} \\ 0 & 0 & d_3 & d_4 & | & d_5 \end{pmatrix} = \mathbf{R}^{neu} \tag{5.71}$$

Wenn noch nicht n Gleichungen eingelesen worden sind, ergibt die neue Gleichung nach der Elimination eine neue Zeile in der Matrix $\mathbf{R}$. Wenn wir aber ein Ausgleichsproblem haben und die k-te Gleichung mit $k > n$ einlesen, so können wir alle n Unbekannten davon eliminieren und die bestehende Dreiecksmatrix $\mathbf{R}$ wird nur nachgeführt. Einzig das Element auf der rechten Seite d_{n+1} bleibt übrig. Ist das System kompatibel, so muss $d_{n+1} = 0$ werden. Ist $d_{n+1} \neq 0$, so ist es eine Komponente, die zur Länge des Residuenvektors gehört, und man kann die Residuenquadratsumme wegen (5.66) durch

$$residuum := residuum + sqr(d[n+1])$$

nachführen.

Bezeichnet k die Nummer der Gleichung, die gerade eingelesen wurde, und ist $min = \min\{n, k-1\}$, so kann die Verarbeitung der k-ten Gleichung wie folgt symbolisch dargestellt werden:

for $i := 1$ **to** min **do**
begin
$$\begin{pmatrix} r_{ii} & r_{i,i+1} & \cdots & r_{in} \\ 0 & d_{i+1} & \cdots & c_n \end{pmatrix} := \begin{pmatrix} \cos\alpha & \sin\alpha \\ -\sin\alpha & \cos\alpha \end{pmatrix} \begin{pmatrix} r_{ii} & \cdots & r_{in} \\ d_i & \cdots & d_n \end{pmatrix}$$
end

Die Winkelfunktionen $\cos\alpha$ und $\sin\alpha$ werden dabei wie bei (5.46) so gewählt, dass

$$\cos\alpha \cdot r_{ii} - \sin\alpha \cdot d_i = 0.$$

Aufgabe 5.14 *Von einem Strassenstück (siehe Figur 5.1) werden die folgenden Teilstücke gemessen:*

$$AD = 89m, \quad AC = 67m, \quad BD = 53m, \quad AB = 35m \quad und \quad CD = 20m$$

Wie gross sind die ausgeglichenen Strecken AB, BC und CD ?

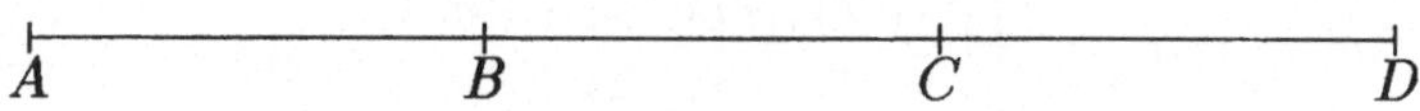

Figur 5.1: Strassenstück

Aufgabe 5.15 *Durch die Punkte*

x	2	4	6	8
y	0.350	0.573	0.725	0.947

lege man eine Regressionsgerade der Gestalt $y = ax + b$, so dass

$$\sum_{i=1}^{4}(ax_i + b - y_i)^2 = min.$$

Aufgabe 5.16 *Man lege eine Funktion der Gestalt*

$$y = ae^{bx} \tag{5.72}$$

durch die Punkte

x	30.0	64.5	74.5	86.7	94.5	98.9
y	4	18	29	51	73	90

Durch Logarithmieren der Gleichung (5.72) erhält man

$$\ln y = \ln a + bx,$$

und wenn man statt a die Unbekannte $c = \ln a$ einführt, so kann man wie bei Aufgabe 5.15 vorgehen.

Aufgabe 5.17 *Durch die Punkte*

$$\begin{array}{c|cccc} x & 5 & 6 & 7 & 9 \\ \hline y & 11 & 9 & 8 & 7 \end{array}$$

lege man eine Funktion der Gestalt

$$y = 1 + \frac{a}{x + b}. \tag{5.73}$$

Durch Umformung der Gleichung (5.73) führe man wiederum die Aufgabe auf ein lineares Ausgleichsproblem zurück.

Aufgabe 5.18 *Man lege eine Funktion der Form*

$$y = at + \frac{b}{t} + c\sqrt{t}$$

durch die Punkte

$$\begin{array}{c|ccccc} t & 1 & 2 & 3 & 4 & 5 \\ \hline y & 2.1 & 1.6 & 1.9 & 2.5 & 3.1 \end{array}$$

Aufgabe 5.19 *Man bestimme Radius r und Mittelpunkt M des Kreises, der möglichst gut durch die Punkte*

$$\begin{array}{c|cccccccc} x & 0.7 & 3.3 & 5.6 & 7.5 & 6.4 & 4.4 & 0.3 & -1.1 \\ \hline y & 4.0 & 4.7 & 4.0 & 1.3 & -1.1 & -3.0 & -2.5 & 1.3 \end{array}$$

geht. Vorgehen: Mit $M = (m_1, m_2)$ lautet die Kreisgleichung:

$$(x - m_1)^2 + (y - m_2)^2 = r^2.$$

Wenn wir ausmultiplizieren und umordnen, erhalten wir

$$2x m_1 + 2y m_2 + (r^2 - m_1^2 - m_2^2) = x^2 + y^2. \tag{5.74}$$

Wenn wir die neue Unbekannte $c = r^2 - m_1^2 - m_2^2$ einführen, ist (5.74) eine lineare Gleichung in den drei Unbekannten m_1, m_2 und c und führt auf ein lineares Ausgleichsproblem.

Kapitel 6
Interpolation

Interpolation bedeutet auf Lateinisch so viel wie 'Einschaltung'. Es ist
die Kunst zwischen den Zeilen einer Funktionstabelle

$$\begin{array}{c|l}
x & x_0, \ x_1, \ \ldots \ x_i, \ z \ x_{i+1}, \ \ldots, \ x_n \\ \hline
y & y_0, \ y_1, \ \ldots \ y_i, \ ? \ y_{i+1}, \ \ldots, \ y_n
\end{array} \tag{6.1}$$

zu lesen. Die gegebenen $n+1$ Punkte (x_i, y_i) heissen *Stützpunkte*,
die Abszissen x_i sind die *Stützstellen* und die Ordinaten y_i sind die
Stützwerte einer Funktion $f : y_i = f(x_i)$. Die Stelle z, für welche der
Funktionswert gesucht wird, heisst *Neustelle*. Das Interpolationspro-
blem besteht nun darin, eine Näherung für den gesuchten Funktionswert $f(z)$ zu konstruieren.

Wenn nur die Werte (6.1) gegeben sind und man nichts Weite-
res über die Funktion f weiss, ist die Aufgabe schlecht gestellt und
man kann jeden beliebigen Wert als 'Approximation' für $f(z)$ nehmen.
Häufig will man aber die Punkte durch eine 'glatte' Funktion interpolieren, oder man weiss, dass die Funktion f differenzierbar ist und
kann dann etwas über die Güte der Approximation aussagen.

Man kann sich fragen, warum überhaupt interpoliert werden muss
und warum man nicht direkt den Funktionswert $f(z)$ berechnet. Verschiedene Gründe können dafür angegeben werden:

1. *$f(z)$ ist mühsam zu berechnen.* Als Beispiel dazu betrachten wir
   die Funktion

$$f(x) = \int_0^x e^{\sin t} dt,$$

von welcher man die Tabelle

$$\begin{array}{c|cccccc}
x & 0.4 & 0.5 & 0.6 & 0.7 & 0.8 & 0.9 \\ \hline
y & 0.4904 & 0.6449 & 0.8136 & 0.9967 & 1.1944 & 1.4063
\end{array} \tag{6.2}$$

kennt. Gesucht ist der Wert $f(0.66) = ?$

2. *Nur die tabellierten Werte sind bekannt.* Dies ist zum Beispiel bei einer Lufttemperaturmessung im Verlauf eines Tages der Fall:

$$
\begin{array}{c|cccccc}
t & 08^{00} & 09^{00} & 11^{00} & 13^{00} & 17^{00} & \text{Uhr} \\
\hline
T & 12.1^\circ & 13.6^\circ & 15.9^\circ & 18.5^\circ & 16.1^\circ & C
\end{array}
$$

Gesucht ist die Temperatur um 10^{00} Uhr.

3. *Datenkonzentration*: Um Speicherplatz zu sparen, kann man in einer grossen Tabelle, in der sich die Werte nicht stark ändern, z.B. nur jeden 10. Punkt abspeichern. So hat man statt 1000 Wertepaare nur 100. Die Zwischenwerte werden mittels Interpolation berechnet, wenn man sie braucht.

Die Interpolation geschieht nach folgendem Prinzip: Man wählt eine Hilfsfunktion $g(x)$, welche leicht berechenbar sein soll und für die gilt

$$g(x_k) = f(x_k) \text{ für einige } x_k \text{ in der Nähe der Neustelle.}$$

Ist g bestimmt, berechnet man $g(z)$ als Näherung für $f(z)$ und hofft, dass der *Interpolationsfehler* $|g(z) - f(z)|$ klein ist.

Beispiel 6.1 *Wir wollen $f(0.66)$ in (6.2) interpolieren und wählen dazu als Interpolationsfunktion*

$$g(x) = \frac{a}{x - b}$$

Die beiden Parameter a und b bestimmen wir so, dass g die beiden Nachbarpunkte von z interpoliert, d.h.

$$g(0.6) = \frac{a}{0.6 - b} = 0.8136$$

$$g(0.7) = \frac{a}{0.7 - b} = 0.9967$$

Man erhält $a = -0.4429$ und $b = 1.1443$ und damit

$$g(0.66) = -\frac{0.4429}{0.66 - 1.1443} = 0.9145 \approx f(0.66) = 0.9216$$

Der Interpolationsfehler ist hier $|g(0.66) - f(0.66)| = 0.0071$ gross, die Wahl von g war nicht geschickt.

Im folgenden betrachten wir den Spezialfall, bei dem g ein Polynom ist.

6.1 Polynominterpolation

Gegeben sind die $n+1$ Punkte (6.1) und gesucht ist ein Polynom $P_n(x)$, welches diese Punkte interpoliert. Wenn wir uns das Polynom in der üblichen Form nach Potenzen von x entwickelt denken,

$$P_n(x) = a_0 + a_1 x + \cdots + a_n x^n, \tag{6.3}$$

so gibt uns jeder Punkt eine lineare Gleichung für die Bestimmung der Koeffizienten a_k. Wenn der Grad des Polynoms gleich n gewählt wird, erhalten wir gleichviele Gleichungen wie unbekannte Koeffizienten:

$$
\begin{aligned}
a_0 + a_1 x_0 + \cdots + a_n x_0^n &= y_0 \\
a_0 + a_1 x_1 + \cdots + a_n x_1^n &= y_1 \\
\vdots \qquad \vdots \qquad \vdots \qquad \vdots \qquad \vdots \\
a_0 + a_1 x_n + \cdots + a_n x_n^n &= y_n
\end{aligned}
\tag{6.4}
$$

Es zeigt sich, dass die Berechnung des Interpolationspolynoms auf diese Weise nicht nur unnötig kompliziert ist sondern auch numerisch instabil, da die Matrix des Gleichungssystems (6.4) schlecht konditioniert ist. Wenn das Polynom P_n in einer anderen Form dargestellt wird, kann es einfacher berechnet und sogar explizit angegeben werden. Da die Polynominterpolation früher beim Handrechnen sehr grosse Bedeutung hatte, sind viele Darstellungen von P_n entwickelt worden. Von allen diesen Interpolationsformeln wollen wir im folgenden nur zwei betrachten. Die Interpolation der Stützpunkte durch *ein* Polynom n-ten Grades hat an Bedeutung verloren, einerseits, weil nicht mehr so häufig Tabellen benützt werden, andrerseits, weil die Berechnung von P_n für grosse n (etwa $n > 20$) *numerisch instabil ist*. Für *viele* Punkte sind neue Techniken wie etwa die *Spline-Interpolation* entwickelt worden.

Existenz, Eindeutigkeit und explizite Konstruktion des Interpolationspolynoms n-ten Grades durch die Punkte (6.1) sind im folgenden Satz zusammengefasst.

Satz 6.1 *(Lagrange'sche Interpolationsformel) Durch $n+1$ Stützpunkte mit verschiedenen Stützstellen ($x_i \neq x_j$ für $i \neq j$) gibt es genau ein Polynom $P_n(x)$ vom Grade $\leq n$, welches interpoliert, d.h. für welches*

$$P_n(x_i) = y_i, \quad i = 0, 1, \ldots, n$$

gilt. P_n lautet in der Lagrangeform

$$P_n(x) = \sum_{i=0}^{n} l_i(x) y_i, \tag{6.5}$$

dabei sind die $l_i(x)$ die Lagrangepolynome *n-ten Grades, definiert durch*

$$l_i(x) = \prod_{\substack{j=0 \\ j \neq i}}^{n} \frac{x - x_j}{x_i - x_j}, \quad i = 0, 1, \ldots, n. \tag{6.6}$$

Beweis: Aus der Definition der Lagrangepolynome (6.6) folgt, dass P_n auch ein Polynom vom Grade $\leq n$ ist. Ferner ist

$$l_i(x_k) = \begin{cases} 1, & i = k \\ 0, & \text{sonst} \end{cases}$$

Es folgt somit aus (6.5)

$$P_n(x_k) = 0 \cdot y_0 + \cdots + 0 \cdot y_{k-1} + 1 \cdot y_k + 0 \cdot y_{k+1} + \cdots + 0 \cdot y_n = y_k,$$

dass P_n richtig interpoliert. Um zu zeigen, dass P_n eindeutig ist, nehmen wir an, $Q_n(x)$ sei ein anderes Polynom, welches ebenfalls die $n+1$ Punkte interpoliert. Das Differenzpolynom

$$D(x) = P_n(x) - Q_n(x)$$

ist auch ein Polynom vom Grade $\leq n$. Es gilt aber

$$D(x_i) = 0 \quad \text{für} \quad i = 0, 1, \ldots, n$$

und D hat somit $n + 1$ Nullstellen. Ein Polynom n-ten Grades kann aber höchstens n Nullstellen haben, ausser es ist identisch 0, was hier der Fall sein muss und damit $Q_n(x) \equiv P_n(x)$.

Beispiel 6.2 *Wir interpolieren nochmals den Wert $f(0.66)$ in (6.2). Wir wählen $n = 2$ und benützen die drei Punkte*

x	0.6	0.7	0.8
y	0.8136	0.9967	1.1944

für das Interpolationspolynom (hier eine Parabel). Man erhält

$$l_0(x) = \frac{x - 0.7}{0.6 - 0.7}\frac{x - 0.8}{0.6 - 0.8} \Rightarrow l_0(0.66) = 0.28$$

$$l_1(x) = \frac{x - 0.6}{0.7 - 0.6}\frac{x - 0.8}{0.7 - 0.8} \Rightarrow l_1(0.66) = 0.84$$

$$l_2(x) = \frac{x - 0.6}{0.8 - 0.6}\frac{x - 0.7}{0.8 - 0.7} \Rightarrow l_2(0.66) = -0.12$$

Somit ist

$$P_2(0.66) = 0.28 \cdot 0.8136 + 0.84 \cdot 0.9967 - 0.12 \cdot 1.1944 = 0.921708.$$

*Da der exakte Wert $f(0.66) = 0.9216978$ beträgt, ist der Interpolations-
fehler $-1.01 \cdot 10^{-5}$, d.h. der Näherungswert des Interpolationspolynoms
hat die gleiche Genauigkeit wie die tabellierten Funktionswerte.*

Falls die Funktion f, die wir interpolieren wollen, differenzierbar
ist, kann man eine Abschätzung für den Interpolationsfehler angeben:

Satz 6.2 *Sind die Stützwerte y_i Funktionswerte einer genügend oft
stetig differenzierbaren Funktion f, so ist der Interpolationsfehler durch*

$$R_n(x) := f(x) - P_n(x) = \frac{(x - x_0)(x - x_1)\cdots(x - x_n)}{(n + 1)!} f^{(n+1)}(\xi) \quad (6.7)$$

gegeben, wobei ξ zwischen den Werten $x_0, x_1, \ldots, x_n$ und x liegt.

Beweis [Henrici]: Für $x = x_k$ ist der Satz richtig. Sei

$$L(x) = \prod_{i=0}^{n} (x - x_i) \quad \text{und} \quad x \neq x_k \quad (x \text{ ist fest}).$$

Man betrachtet die Funktion

$$F(t) = f(t) - P_n(t) - cL(t), \quad \text{wobei} \quad c = \frac{f(x) - P_n(x)}{L(x)}.$$

Es ist offensichtlich

$$F(x_k) = 0, \quad k = 0, 1, \ldots, n$$

aber auch $F(x) = 0$, wegen der speziellen Wahl der Konstanten c. Die Funktion F hat somit mindestens $n + 2$ Nullstellen. Zwischen zwei Nullstellen liegt eine Nullstelle der Ableitung F'. Somit hat F' mindestens $n + 1$ Nullstellen. Wenn wir weiter ableiten und die Nullstellen zählen, finden wir schliesslich, dass

$$F^{(n+1)}(t) = f^{(n+1)}(t) - P_n^{(n+1)}(t) - cL^{(n+1)}(t) \qquad (6.8)$$

mindestens *eine* Nullstelle ξ hat. Da P_n vom Grade n ist, gilt

$$P_n^{(n+1)}(t) = 0,$$

und weil L ein Polynom vom Grade $n + 1$ ist, wird

$$L^{(n+1)}(t) = (n + 1)!$$

Setzt man dies für $x = \xi$ in (6.8) ein und löst die Gleichung

$$F^{(n+1)}(\xi) = 0$$

nach c auf, so ergibt sich mit der Definition von c

$$c = \frac{f(x) - P_n(x)}{L(x)} = \frac{f^{(n+1)}(\xi)}{(n + 1)!}$$

was zu beweisen war.

Wenn wir für das Beispiel 6.2 den Fehler mit der Gleichung (6.7) abschätzen wollen, müssen wir das Maximum von $|f'''|$ im Intervall $[0.6, 0.8]$ berechnen. Es ist

$$f'''(x) = (-\sin x + \cos^2 x)e^{\sin x}$$

und da f''' in diesem Intervall monoton fallend ist, ist

$$\max_{0.6 \leq x \leq 0.8} |f'''(x)| = |f'''(0.8)| = 0.4727$$

und damit

$$|R_n(x)| \leq 2.647\,10^{-5}$$

Die Abschätzung liefert einen etwa doppelt so grossen Wert wie der exakte Interpolationsfehler.

Die Programmierung der Lagrangeinterpolationsformel ist einfach. Um etwas Speicherplatz zu sparen, wurden im nachfolgenden Algorithmus, bei dem $P_n(z)$ berechnet wird, die Stützpunkte als Variabelnparameter übergeben.

Algorithmus 6.1

```
function p(n: integer; var x,y: vektor; z: real) :real;
var l,s : real; i,j: integer;
begin
    s := 0;
    for i := 0 to n do
    begin
        l := 1;
        for j := 0 to n do
        if j <> i then l := l * (z − x[j])/(x[i] − x[j]);
        s := s + l * y[i]
    end;
    p := s
end
```

Aufgabe 6.1 *Von der Funktion $y = f(x) = 2^x$ seien die drei Stütz-punkte*

$$\begin{array}{c|ccc} x & -1 & 1 & 3 \\ \hline y & 0.5 & 2 & 8 \end{array}$$

gegeben. Wie gross ist der Interpolationsfehler im Intervall $[1,3]$, wenn diese Punkte durch ein Polynom interpoliert werden? Man schätze den Fehler mittels (6.7) und berechne anschliessend das Polynom und den exakten Fehler.

Aufgabe 6.2 *Von der nicht einfach zu berechnenden Funktion*

$$C(x) = - \int\limits_{x}^{\infty} \frac{\cos t}{t} dt$$

kennt man die Funktionswerte

$$\begin{array}{c|cccc} x & 5.0 & 5.2 & 5.5 & 5.6 \\ \hline y & -0.19002 & -0.17525 & -0.14205 & -0.12867 \end{array}$$

Die Tabellenwerte sind korrekt gerundet. Man interpoliere den Wert $C(5.3)$ und schätze den Interpolationsfehler ab.

Aufgabe 6.3 *Von der Funktion f kennt man die Werte*

x	1.7	2.0	2.3	2.6
y	0.996	0.483	-0.192	-0.926

Man berechne die Nullstelle von f so genau wie möglich.

Nun wollen wir eine zweite Interpolationsformel einführen, welche für die Interpolation geeignet ist, wenn der Grad des Polynoms noch nicht festgelegt ist. Man möchte $f(z)$ approximieren, indem die Folge $\{P_n(z)\}$, $n = 0, 1, 2, \ldots$ berechnet wird, die man erhält, wenn man immer mehr Stützpunkte für die Interpolation verwendet. Man hofft dabei, dass die Folge gegen den gesuchten Wert $f(z)$ konvergiert. Es bezeichne $T_{ij}(x)$ das Polynom vom Grade $\leq j$ durch die Stützpunkte

x	x_{i-j}	x_{i-j+1}	$\cdots$	x_i
y	y_{i-j}	y_{i-j+1}	$\cdots$	y_i

Diese Polynome kann man in einer unteren Dreiecksmatrix (dem *Aitken-Neville-Schema*) anordnen:

$$
\begin{array}{c|cccc}
x & & y & & \\
\hline
x_0 & y_0 = T_{00} & & & \\
x_1 & y_1 = T_{10} & T_{11} & & \\
\vdots & \vdots & & \ddots & \\
x_i & y_i = T_{i0} & T_{i1} & \cdots & T_{ii} \\
\cdots & \cdots & \cdots & \cdots & \ddots
\end{array}
\tag{6.9}
$$

und es gilt der

Satz 6.3 *Die Polynome T_{ij} lassen sich rekursiv berechnen durch*

$$
\left.
\begin{aligned}
T_{i0} &= y_i \\
T_{ij} &= \frac{(x_i - x)T_{i-1,j-1} + (x - x_{i-j})T_{i,j-1}}{x_i - x_{i-j}} \\
j &= 1, 2, \ldots, i
\end{aligned}
\right\} \quad i = 1, 2, 3, \ldots
\tag{6.10}
$$

Beweis: Mittels vollständiger Induktion nach dem Grad. $T_{i,0}$ interpoliert wie behauptet. Sei also

$$T_{i,j-1} \text{ das Interpolationspolynom für } x_{i-j+1}, \ldots, x_i$$

und

$$T_{i-1,j-1} \text{ das Interpolationspolynom für } x_{i-j}, \ldots, x_{i-1}.$$

Wenn wir T_{ij} nach (6.10) berechnen, ist T_{ij} ein Polynom vom Grade $\leq j$. Ist x_k eine gemeinsame Stützstelle von $T_{i-1,j-1}$ und $T_{i,j-1}$, so gilt

$$T_{i-1,j-1}(x_k) = T_{i,j-1}(x_k) = y_k$$

und damit auch

$$T_{i,j}(x_k) = \frac{(x_i - x_k)y_k + (x_k - x_{i-j})y_k}{x_i - x_{i-j}} = y_k.$$

Für die Randstelle x_i ist

$$T_{ij}(x_i) = \frac{0 \cdot T_{i-1,j-1}(x_i) + (x_i - x_{i-j})y_i}{x_i - x_{i-j}} = y_i$$

und analog ist auch $T_{ij}(x_{i-j}) = y_{i-j}$. Also ist T_{ij} das gesuchte Interpolationspolynom, was zu zeigen war.

Beispiel 6.3 *Für die Stützpunkte*

$$\begin{array}{c|cccc} x & 0 & 5 & -1 & 2 \\ \hline y & -5 & 235 & -9 & 19 \end{array}$$

ergibt die Rekursionsformel (6.10) das Schema

$$
\begin{array}{cc|c|c|c}
x & y & & & \\
\hline
0 & -5 & & & \\
5 & 235 & 48x - 5 & & \\
-1 & -9 & \frac{122}{3}x + \frac{95}{3} & \frac{22}{3}x^2 + \frac{34}{3}x - 5 & \\
2 & 19 & \frac{28}{3}x + \frac{1}{3} & \frac{94}{9}x^2 - \frac{10}{9}x - \frac{185}{9} & \frac{14}{9}x^3 + \frac{10}{9}x^2 + \frac{32}{9}x - 5
\end{array}
\tag{6.11}
$$

In den Anwendungen wird jedoch das Schema (6.9) nur für ein festes x *berechnet. Die* T_{ik} *sind dann reine Zahlen.*

Bei der Programmierung des Aitken-Neville-Schemas kann man das Schema zeilenweise berechnen, und es genügt, nur die letzte Zeile in einem Vektor abzuspeichern. Da die neue Zeile stets um eine Zahl wächst, kann man ein Umspeichern vermeiden, wenn man die Zeile *umgekehrt* im Vektor **y** speichert:

$$
\begin{array}{c|llll}
x & y & & & \\
\hline
x_0 & T_{00} & & & \\
x_1 & T_{10} & T_{11} & & \\
\vdots & \vdots & & \ddots & \\
x_i & y_i = T_{i0} & y_{i-1} = T_{i1} & \cdots & y_0 = T_{ii}
\end{array}
\tag{6.12}
$$

Kommt ein neuer Punkt (x_{i+1}, y_{i+1}) dazu, überschreibt man die Zeile wie folgt:

$$
\begin{array}{ccccccc}
y_i & & y_{i-1} & \cdots & & & y_0 \\
& \searrow & & \searrow & & \searrow & & \searrow \\
y_{i+1} & \to & y_i^{neu} & \to & y_{i-1}^{neu} & \cdots & y_1^{neu} & \to & y_0^{neu}
\end{array}
$$

Damit erhält man den folgenden Algorithmus. Die Eingabe ist durch CTRL-Z RETURN unmittelbar nach dem letzten Zahlenpaar abzuschliessen.

Algorithmus 6.2

```pascal
program ans;
var x, y : array[0..10] of real;
    i, j : integer; z : real;

begin
    i := 0; writeln('z=?'); read(z);
    while not eof do
    begin
        writeln('x,y eingeben');
        read(x[i], y[i]); write(x[i], y[i]);
        for j := i - 1 downto 0 do
        begin
            y[j] := ((x[i] - z) * y[j] + (z - x[j]) * y[j + 1])/(x[i] - x[j]);
            write(y[j])
        end;
```

$$writeln;\ i := i + 1$$

end

end.

Beispiel 6.4 *Wir berechnen das Aitken-Neville-Schema für die Tabellenwerte (6.2) der Funktion $f(x) = \int_0^x e^{\sin t}\,dt$:*

x	y				
0.60	0.81360				
0.70	0.99670	0.92346			
0.80	1.19440	0.91762	0.92171		
0.50	0.64490	0.93797	0.92169	0.92172	
0.90	1.40630	0.94946	0.92188	0.92165	0.92171
0.40	0.49040	0.96667	0.92193	0.92189	0.92168	0.92171

Man sieht, dass $T_{22} = 0.9217\ldots$ ist; wir erhalten also den gleichen Wert $P_2(0.66)$ wie im Beispiel 6.2 mit der Lagrangeinterpolation.

Aufgabe 6.4 *Von der Funktion*

$$f(x) = \frac{1}{\sqrt{2\pi}} \int_{-\infty}^{x} e^{-\frac{z^2}{2}}\,dz$$

kennt man die Werte

x	0.5	0.6	0.7	0.8
$f(x)$	0.6915	0.7257	0.7580	0.7881

Man interpoliere für $x = 0.52$.

Aufgabe 6.5 *Bei vielen Interpolationsproblemen ist in einer Tabelle der Funktionswert f gegeben und das Argument x gesucht. Als Beispiel betrachten wir die Tabelle in Aufgabe 6.4 und suchen jenes x, für welches*

$$f(x) = 0.7 \tag{6.13}$$

ist. Wenn wir in der üblichen Weise f durch ein Polynom P_n interpolieren, muss man x aus der Gleichung

$$P_n(x) = 0.7$$

berechnen, d.h. für unser Beispiel eine Gleichung dritten Grades lösen. Ein einfacheres Vorgehen besteht darin, die Umkehrfunktion *zu interpolieren. Man sucht somit den Wert* $f^{[-1]}(0.7)$. *Man muss dazu nur die Tabellenwerte für* x *und* y *vertauschen und normal interpolieren. Man löse die Gleichung (6.13) auf beide Arten.*

Aufgabe 6.6 *Lösen von Gleichungen mittels inverser Interpolation. Gegeben sei eine nichtlineare Gleichung* $f(x) = 0$. *Ausgehend von 2 gegebenen Funktionswerten* $f(x_0)$ *und* $f(x_1)$, *welche am besten links und rechts von der Nullstelle gewählt werden, berechnet man für die Neustelle 0 das folgende Aitken-Neville-Schema:*

$$
\begin{array}{c|cccc}
f(x_0) & x_0 \\
f(x_1) & x_1 & x_2 := T_{11} \\
f(x_2) & x_2 & T_{21} & x_3 := T_{22} \\
f(x_3) & x_3 & T_{31} & T_{32} & x_4 := T_{33} \\
\cdots & \cdots & u.s.w & \cdots & \cdots
\end{array}
$$

Der extrapolierte Wert in der Diagonalen $x_{i+1} := T_{ii}$ *wird als neuer Wert* $T_{i+1,0}$ *in die erste Kolonne des Schemas geschrieben. Hierauf wird damit der Funktionswert* $f(x_{i+1})$ *berechnet und dann kann die* $i+1$-*ste Zeile, d.h. die Elemente* $T_{i+1,1}, \dots, T_{i+1,i+1}$, *berechnet werden. Bei Konvergenz (Startwerte genügend nahe wählen!) konvergiert die Diagonalfolge* quadratisch *gegen die Nullstelle von* f.

Man schreibe ein Programm und löse damit die Gleichungen

$$a)\ x - \cos x = 0 \qquad b)\ x = e^{\sqrt{\sin x}}.$$

6.2   Extrapolation

Extrapolation ist dasselbe wie Interpolation, nur liegt die Neustelle z nicht zwischen, sondern *ausserhalb* den Stützstellen. Das Aitken-Neville-Schema wird hauptsächlich für *Extrapolation* benützt. Man kann sich auf die Neustelle $z = 0$ beschränken, denn durch die einfache Verschiebung der unabhängigen Variabeln

$$x' := x - z$$

kann immer die Neustelle auf 0 abgebildet werden.

Bei Extrapolation wird traditionellerweise eine andere Notation benützt, die wir hier übernehmen wollen. Die Problemstellung lautet wie folgt: Sei h ein Diskretisationsparameter und $T(h)$ eine Näherung einer gesuchten Grösse a_0 mit der Eigenschaft

$$\lim_{h \to 0} T(h) = a_0. \tag{6.14}$$

Es wird ferner angenommen, dass $T(0)$ 'schwierig' zu berechnen sei (numerisch instabil oder zu viele Rechenoperationen erforderlich). Legt man nun durch einige Stützpunkte von $T(h)$ das Interpolationspolynom P_n, so ist $P_n(0)$ eine Näherung für a_0. Die Folge $\{P_n(0)\}$ ist durch die Diagonale des Aitken-Neville-Schemas gegeben und man hofft, dass sie gegen a_0 konvergiert. Dies ist in der Tat der Fall, wenn $T(h)$ eine asymptotische Entwicklung der Form

$$T(h) = a_0 + a_1 h + \cdots + a_k h^k + R_k(h) \quad \text{mit} \quad |R_k(h)| < C_k h^{k+1} \tag{6.15}$$

besitzt und die Folge der Stützstellen $\{h_i\}$ so gewählt wurde, dass

$$h_{i+1} < c h_i \quad \text{mit} \quad 0 < c < 1,$$

d.h. genügend schnell gegen 0 konvergiert. In diesem Fall konvergiert die Diagonale des Aitken-Neville-Schemas schneller als die Kolonnen gegen a_0.

Die Rekursionsformel (6.10) zur Berechnung des Aitken-Neville-Schemas vereinfacht sich zunächst, weil die Neustelle 0 ist:

$$T_{ij} = \frac{h_i T_{i-1,j-1} - h_{i-j} T_{i,j-1}}{h_i - h_{i-j}} \tag{6.16}$$

Wenn man zudem h immer halbiert, also die spezielle Folge

$$h_i = h_0 2^{-i} \tag{6.17}$$

verwendet, gibt es eine weitere Vereinfachung:

$$T_{ij} = \frac{2^{-j} T_{i-1,j-1} - T_{i,j-1}}{2^{-j} - 1}. \tag{6.18}$$

Häufig hat die asymptotische Entwicklung (6.15) die Gestalt

$$T(h) = a_0 + a_2 h^2 + a_4 h^4 + \cdots, \tag{6.19}$$

d.h. es *fehlen* die ungeraden Potenzen von h. Hier ist es vorteilhaft, wenn man mit einem Polynom in der Variablen $x = h^2$ extrapoliert, denn dadurch erhalten wir schneller Approximationen von (6.19) höherer Ordnung. Statt (6.16) verwendet man dann

$$T_{ij} = \frac{h_i^2 T_{i-1,j-1} - h_{i-j}^2 T_{i,j-1}}{h_i^2 - h_{i-j}^2} \tag{6.20}$$

Wenn ausserdem wieder für die h_i die Folge (6.17) gewählt wird, erhält man die Rekursion

$$T_{ij} = \frac{4^{-j} T_{i-1,j-1} - T_{i,j-1}}{4^{-j} - 1}, \tag{6.21}$$

welche bei der *Rombergintegration* (siehe Kap. 7) verwendet wird, weil bei der asymptotischen Entwicklung der Trapezsummen, aus denen das Integral extrapoliert wird, die ungeraden Potenzen von h fehlen.

Beispiel 6.5 *Der Differenzenquotient*

$$T(h) = \frac{f(x+h) - f(x)}{h} \tag{6.22}$$

ist eine Näherung für $a_0 = f'(x)$ *und es gilt*

$$\lim_{h \to 0} T(h) = f'(x).$$

Wenn wir f entwickeln

$$f(x+h) = f(x) + \frac{f'(x)}{1!} h + \frac{f''(x)}{2!} h^2 + \cdots$$

und in (6.22) einsetzen, erhält man

$$T(h) = f'(x) + \frac{f''(x)}{2!} h + \frac{f'''(x)}{3!} h^2 + \cdots,$$

d.h. es kommen alle Potenzen von h vor und bei Wahl der Folge h_i nach (6.17) muss für die Extrapolation (6.18) verwendet werden.

Benützt man aber den symmetrischen Differenzenquotienten

$$T(h) = \frac{f(x+h) - f(x-h)}{2h},$$

so ist jetzt

$$T(h) = f'(x) + \frac{f'''(x)}{3!}h^2 + \frac{f^{(5)}(x)}{5!}h^4 + \cdots \qquad (6.23)$$

und man kann mit (6.21) extrapolieren.

Wenn wir wiederum das Extrapolationsschema zeilenweise berechnen und nur die letzte Zeile speichern, ergibt sich der folgende Algorithmus

Algorithmus 6.3

```
        program extra;
        var n, i, j, faktor : integer;
            x, y : array[0..10] of real;
            zhj, h : real;

        function T(h : real) : real;
        begin
            T := (sin(1.5 + h) - sin(1.5 - h))/(2 * h)
        end;

        begin
            writeln('h0 = ?'); read(h);
            writeln(' 2 oder 4 hoch j ?'); read(faktor);
            writeln('Extrapolation mit Faktor =', faktor);
            writeln('n =?'); read(n);
            for i := 0 to n do
            begin
                y[i] := T(h); zhj := 1; write(y[i]);
                for j := i - 1 downto 0 do
                begin
                    zhj := zhj/faktor;
```

$$y[j] := (y[j+1] - zhj * y[j])/(1 - zhj);$$
$$write(y[j])$$
$$\textbf{end};$$
$$writeln;\ h := h/2$$
$$\textbf{end}$$
$$\textbf{end}.$$

Mit der im Algorithmus 6.3 aufgeführten Funktion $T(h)$ berechnen wir die Ableitung von $f(x) = \sin x$ an der Stelle $x = 1.5$ als Grenzwert des symmetrischen Differenzenquotienten (6.23). Für $h_0 = 0.4$, *faktor* $= 4$ und $n = 3$ erhält man den Output:

```
0.068865910
0.070266563 0.070733447
0.070619365 0.070736966 0.070737201
0.070707731 0.070737187 0.070737202 0.070737202
```

Die Extrapolation wirkt hier sehr gut, der exakte Wert ist

$$\cos 1.5 = 0.0707372016\ldots$$

Aufgabe 6.7 *Man berechne $f'(1)$ für*

$$f(x) = x^2 \ln\left(\frac{\sqrt{x^3+1}\,e^x\,(x^3 + \sin x^2 + 1)}{2\,(\sin x + \cos^2 x + 3) + \ln x}\right)$$

Aufgabe 6.8 *Extrapolation von π. Der Umfang des dem Einheitskreis einbeschriebenen regelmässigen n-Ecks beträgt*

$$U_n = 2n \sin\left(\frac{\pi}{n}\right). \tag{6.24}$$

Wir führen die Variable

$$h = \frac{1}{n}$$

und die Funktion

$$T(h) = \frac{U_n}{2} = n \sin\left(\frac{\pi}{n}\right) = \frac{\sin(h\pi)}{h} \tag{6.25}$$

ein. Entwickelt man $T(h)$ in eine Reihe, so erhält man

$$T(h) = \pi - \frac{\pi^3}{3!}h^2 + \frac{\pi^5}{5!}h^4 \mp \cdots \qquad (6.26)$$

Wegen $\lim_{h\to 0} T(h) = \pi$, kann π aus den halben Umfängen durch Extrapolation berechnet werden. Es kommen nur gerade Potenzen vor, also muss mit (6.20) extrapoliert werden. Man schreibe ein Programm dafür und benütze die folgende Tabelle der Umfänge einiger regelmässiger Vielecke, die sich elementargeometrisch berechnen lassen:

n	2	3	4	5	6	8	10
$\frac{U_n}{2}$	2	$\frac{3}{2}\sqrt{3}$	$2\sqrt{2}$	$\frac{5}{4}\sqrt{10 - 2\sqrt{5}}$	3	$4\sqrt{2 - \sqrt{2}}$	$\frac{5}{2}\left(\sqrt{5} - 1\right)$

Aufgabe 6.9 *Die Folge*

$$s_n = 1 + \frac{1}{2} + \frac{1}{3} + \cdots + \frac{1}{n} - \ln n$$

ist konvergent. Der Grenzwert wurde schon von Euler berechnet und mit c bezeichnet. Man berechne c durch Extrapolation. Hinweis: Wie in der letzten Aufgabe führe man die Variable $h = 1/n$ ein.

Aufgabe 6.10 *Man berechne die Reihensumme der folgenden Reihen durch Extrapolation:*

$$a) \quad \sum_{k=1}^{\infty} \frac{1}{k^2} \qquad b) \quad \sum_{k=0}^{\infty} \frac{k^2 + k + 1}{3k^4 + 1}$$

Man mache die Variablentransformation $h = 1/n$ und extrapoliere die Summe aus den Partialsummen

$$T(h) = s_n = \sum_{k=0}^{n} a_k.$$

Man wähle die Folge (6.17) für die h_i.

Aufgabe 6.11 *Man berechne eine Tabelle der Funktion*

$$f(x) = \prod_{n=1}^{\infty} \cos(\frac{x}{n})$$

für $x = 0, 0.1, \ldots, 1$. Man extrapoliere jeden Funktionswert aus den Teilprodukten.

6.3   Spline-Interpolation

Das Interpolationspolynom n-ten Grades durch $n+1$ gegebene Punkte
hat oft einen unbefriedigenden Verlauf, wie das folgende Beispiel zeigt:

Beispiel 6.6 *Durch die Stützpunkte*

$$\frac{x\,|\;1\;\;2.5\;\;3\;\;5\;\;13\;\;18\;\;20}{y\,|\;2\;\;\;3\;\;\;4\;5\;\;7\;\;\;6\;\;\;3} \tag{6.27}$$

verläuft das Interpolationspolynom der Figur 6.1.

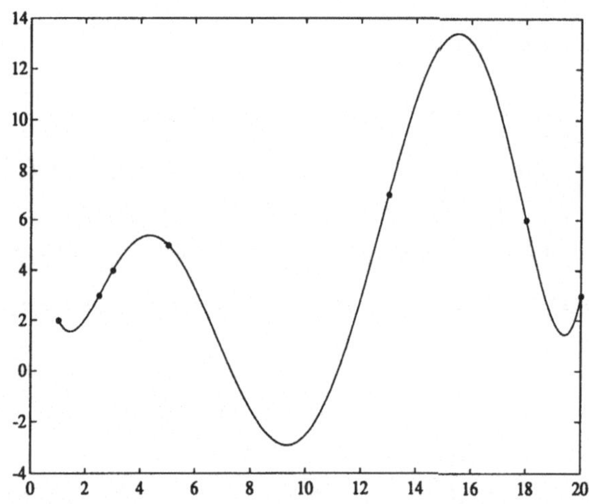

Figur 6.1: schlechte Interpolation

Wenn die Punkte von (6.27) Funktionswerte einer Funktion f sind,
welche aus physikalischen Überlegungen immer positiv sein muss, ist
das Interpolationspolynom, das im Intervall $[7, 11]$ negativ ist, sicher
nicht eine brauchbare Approximation. Wenn wir bei diesem Beispiel
stückweise durch Polynome niedereren Grades interpolieren, etwa jeweils durch drei aufeinanderfolgende Punkte eine Parabel legen, so
erhalten wir die Kurve der Figur 6.2.

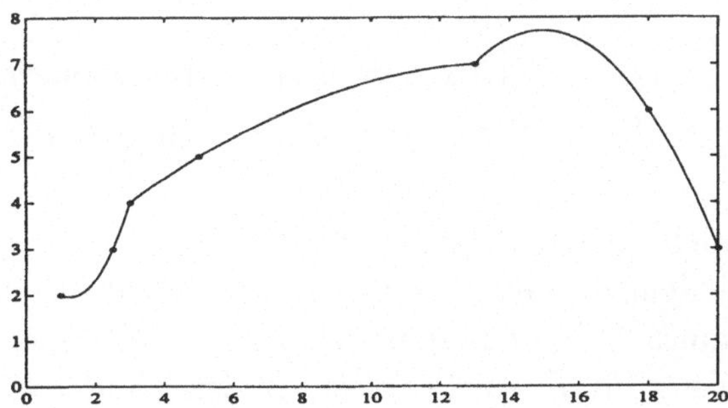

Figur 6.2: Interpolation durch Parabelbögen

Die Interpolationswerte sind hier alle positiv, es stören aber die *Knicke*, die wir an den Anschlusstellen erhalten. Die Idee der *Spline-Interpolation* besteht nun darin, durch Polynome niedereren Grades zu interpolieren und damit das Flattern zu verhindern, aber dafür zu sorgen, dass die Polynome an den Anschlusstellen keine Knicke haben.

6.4 Kubische Splinefunktionen

Gegeben seien n Punkte einer Funktionstabelle:

$$\begin{array}{c|cccc} x & x_1 & x_2 & \ldots & x_n \\ \hline y & y_1 & y_2 & \ldots & y_n \end{array}$$

Um Knicke zu vermeiden, müssen die Polynome an den Anschlusstellen nicht nur denselben Funktionswert, sondern auch *dieselbe Ableitung* haben. Man kann auf verschiedene Weise den Grad der Polynome und die Anzahl der Stützpunkte, welche ein Polynom interpolieren soll, wählen. Die einfachste Möglichkeit ergibt sich, wenn man für jedes Intervall

$$[x_i, x_{i+1}], \ i = 1, 2, \ldots, n - 1$$

ein Polynom P_i ansetzt (der Index i bezeichnet hier nicht den Grad des Polynoms, sondern die Nummer des Intervalls). Das Polynom muss folgende Bedingungen erfüllen:

$$P_i(x_i) = y_i, \qquad P_i(x_{i+1}) = y_{i+1} \qquad \text{Interpolation}$$
$$P_i'(x_i) = y_i', \qquad P_i'(x_{i+1}) = y_{i+1}' \qquad \text{keine Knicke} \tag{6.28}$$

Dabei muss noch überlegt werden, was für Ableitungen y_i' vorgeschrieben werden sollen, da diese im allgemeinen nicht gegeben sind. Das Polynom P_i muss 4 Bedingungen erfüllen: es ist daher eindeutig bestimmt, wenn wir für P_i ein Polynom *dritten Grades* wählen. Um die Rechnung zu vereinfachen, machen wir die Variabelntransformation:

$$t := \frac{x - x_i}{h_i} \quad \text{mit} \quad h_i := x_{i+1} - x_i \tag{6.29}$$

und betrachten

$$Q_i(t) = P_i(x_i + th_i). \tag{6.30}$$

Q_i ist ein Polynom 3. Grades in t und es ist

$$Q_i'(t) = h_i P_i'(x_i + th_i), \tag{6.31}$$

damit lauten die Bedingungen (6.28)

$$Q_i(0) = y_i, \qquad Q_i(1) = y_{i+1}$$
$$Q_i'(0) = h_i y_i', \qquad Q_i'(1) = h_i y_{i+1}'. \tag{6.32}$$

Eine kleine Rechnung (siehe Aufgabe 6.12) ergibt :

$$Q_i(t) = y_i(1 - 3t^2 + 2t^3) + y_{i+1}(3t^2 - 2t^3)$$
$$+ h_i y_i'(t - 2t^2 + t^3) + h_i y_{i+1}'(-t^2 + t^3) \tag{6.33}$$

Um einen Funktionswert des Polynoms Q_i zu berechnen, benützt man nicht die Gleichung (6.33), sondern ein *Hermiteinterpolationsschema*. Man bildet im folgenden Schema die Differenzen 'unterer Wert' – 'oberer Wert' und erhält die Koeffizienten a_0, a_1, a_2 und a_3:

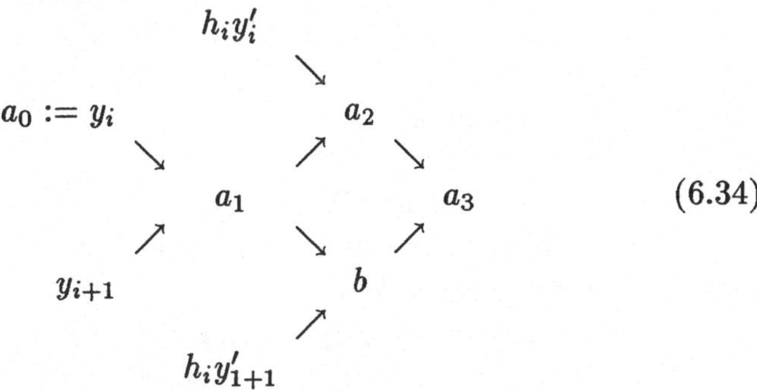

$$(6.34)$$

Mit den so berechneten Koeffizienten ist dann

$$Q_i(t) = a_0 + (a_1 + (a_2 + a_3 t)(t-1))t \qquad (6.35)$$

und man benötigt zur Auswertung nur 3 Multiplikationen und 8 Additionen (resp. Subtraktionen). Der Nachweis, dass durch Gleichung (6.35) dasselbe Polynom wie in Gleichung (6.33) berechnet wird, sei eine Übungsaufgabe.

Im folgenden Abschnitt werden wir uns überlegen, wie wir die Ableitungen y_i' wählen können. Wenn wir annehmen, diese seien bekannt, und somit auch die Polynome

$$Q_i, \quad \text{für} \quad i = 1, \ldots, n-1,$$

dann nennt man die aus den Polynomen Q_i zusammengesetzte Funktion g eine *kubische Splinefunktion*. Um mittels g einen Wert für $x = z$ zu interpolieren, muss man drei Schritte ausführen:

1. Das Intervall bestimmen, in welchem z liegt, d.h. den Index i berechnen, für den $x_i \leq z < x_{i+1}$ gilt.

2. t aus z berechnen durch $t = (z - x_i)/h_i$

3. $g(z) = Q_i(t)$ mittels (6.35) berechnen.

Das Intervall, in dem z liegt, wird am besten mit dem binären Suchprozess bestimmt. Man erhält damit den folgenden

Algorithmus 6.4

```
function g(n : integer; z : real; var x, y, ys : vektor) : real;
var i, a, b : integer; t, a0, a1, a2, a3, h : real;
begin
    a := 1; b := n;
    repeat
        i := (a + b) div 2;
        if x[i] < z then a := i else b := i;
    until a + 1 = b;
    i := a; h := x[i + 1] - x[i]; t := (z - x[i])/h;
    a0 := y[i]; a1 := y[i + 1] - a0; a2 := a1 - h * ys[i];
    a3 := h * ys[i + 1] - a1; a3 := a3 - a2;
    g := a0 + (a1 + (a2 + a3 * t) * (t - 1)) * t
end
```

Aufgabe 6.12 *Man verifiziere die Gleichung (6.33). Hinweis: Man mache den Ansatz*

$$Q_i(t) = a + bt + ct^2 + dt^3$$

und bestimme die Koeffizienten a, b, c und d durch Auflösen der Gleichungen (6.32).

Aufgabe 6.13 *Man berechne das Differenzenschema (6.34) algebraisch und verifiziere durch Umordnen, dass der entstehende Ausdruck in Gleichung (6.35) gleich dem in Gleichung (6.33) ist.*

Aufgabe 6.14 *Die Funktion $f(x) = \sin x$ werde durch ein kubisches Polynom $P_3(x)$ so approximiert, dass Funktionswert und erste Ableitung für $x = 0$ und $x = \pi$ übereinstimmen. Wie lautet das Polynom und wie gross ist der maximale Interpolationsfehler im Intervall $[0, \pi]$?*

Aufgabe 6.15 *Man berechne das Polynom dritten Grades, welches die folgenden Daten interpoliert:*

x	2	3
$f(x)$	1	2
$f'(x)$	0.5	−2

Man berechne das Polynom auf zwei Arten:

1. Man mache einen Ansatz mit unbekannten Koeffizienten und löse das entstehende lineare Gleichungssystem.

2. Man verwende die Formel (6.33) und ordne nach Potenzen, so dass das Resultat mit 1. verglichen werden kann.

Aufgabe 6.16 *Von der Funktion $f(x)$ kennt man n gleichabständige Funktionswerte und deren erste Ableitungen:*

x	h	$2h$	$\ldots$	nh
$f(x)$	y_1	y_2	$\ldots$	y_n
$f'(x)$	y_1'	y_2'	$\ldots$	y_n'

Man berechne angenähert das Integral

$$\int\limits_h^{nh} f(x)dx,$$

indem durch die Punkte eine Splinefunktion gelegt wird und über dieser integriert wird. Was für eine Quadraturformel erhält man?

6.5   Bestimmung der Ableitungen

Für die Splineinterpolationsfunktion g benötigt man neben den Stützpunkten auch die Ableitungen y_i', welche meistens nicht vorhanden sind und daher konstruiert werden müssen. Im Prinzip können diese beliebig vorgegeben werden. Es ist aber sinnvoller, sie aus den gegebenen Stützpunkten zu schätzen. Eine einfache Schätzung für die Ableitung im Punkte (x_i, y_i) erhält man, indem die *Steigung der Geraden durch die Nachbarpunkte* verwendet wird (Siehe Figur 6.3):

$$y_i' = \frac{y_{i+1} - y_{i-1}}{x_{i+1} - x_{i-1}} = \frac{y_{i+1} - y_{i-1}}{h_i + h_{i-1}} \quad i = 2, 3, \ldots, n-1 \qquad (6.36)$$

Für die Randableitungen hat man verschiedene Möglichkeiten:

1. Steigung der Geraden durch die ersten (bzw. letzten) beiden Punkte benützen

$$y_1' = \frac{y_2 - y_1}{x_2 - x_1} \quad \text{bzw.} \quad y_n' = \frac{y_n - y_{n-1}}{x_n - x_{n-1}}$$

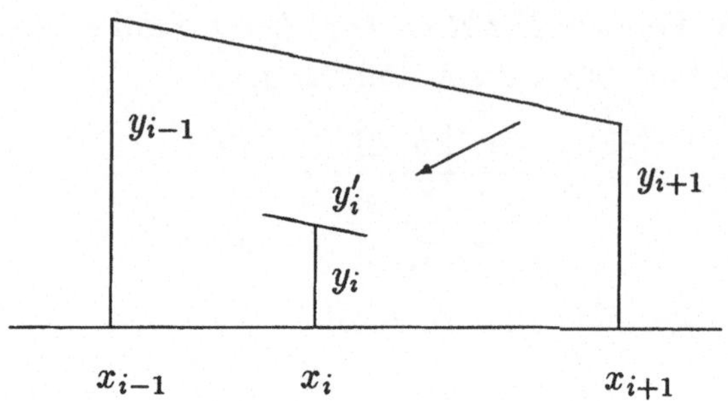

Figur 6.3: Gerade durch Nachbarpunkte

2. Eine gebräuchliche Wahl ist, die Ableitung am Rande so zu bestimmen, dass die 2. Ableitung von g am Rande verschwindet (*natürliche Randbedingung*). Aus den Gleichungen

$$Q_1''(0) = 0 \quad \text{und} \quad Q_{n-1}''(1) = 0$$

erhält man dann

$$y_1' = \frac{3}{2}\frac{y_2 - y_1}{h_1} - \frac{1}{2}y_2' \quad \text{bzw.} \quad y_n' = \frac{3}{2}\frac{y_n - y_{n-1}}{h_{n-1}} - \frac{1}{2}y_{n-1}'.$$

3. Ein wichtiger Spezialfall sind die *periodischen Randbedingungen*. Wenn die Stützpunkte zu einer periodischen Funktion gehören, d.h. wenn $y_1 = y_n$ gilt, kann man

$$y_1' = y_n' = \frac{y_2 - y_{n-1}}{h_1 + h_{n-1}}$$

wählen, was der Steigung der Geraden durch die Nachbarpunkte entspricht.

Definition 6.1 *Die Splinefunktionen, die durch diese Ableitungen definiert sind, heissen* defekte Splinefunktionen

Wenn wir wieder die Punkte von Beispiel 6.6 interpolieren, erhalten wir mit den natürlichen Randbedingungen die defekte Splinefunktion von Figur 6.4. In dieser Figur sind auch g' und g'' aufgezeichnet. Man sieht, dass g'' unstetig ist.

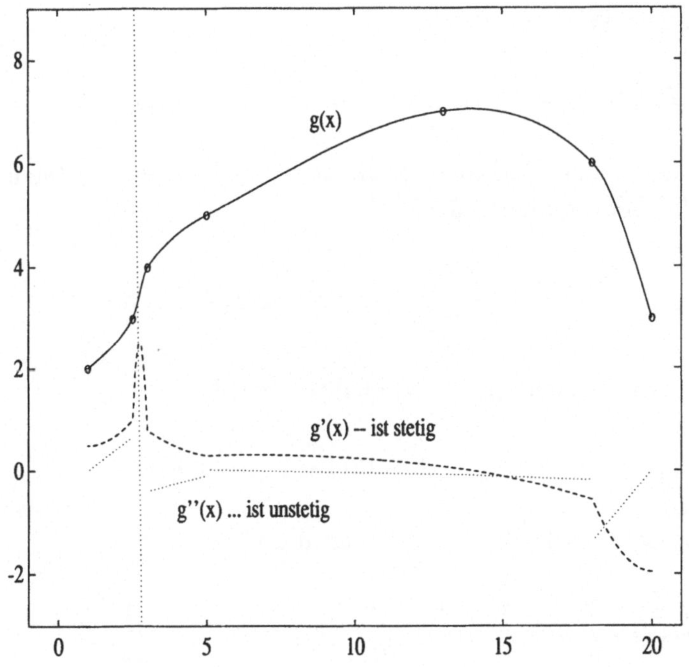

Figur 6.4: Defekter Spline

Aufgabe 6.17 *Man schreibe ein Programm zur Interpolation mit ei-*

ner defekten Splinefunktion. Man interpoliere damit die Punkte

x	0.0	0.5	1.0	1.5	2.0	2.5	3.0	3.5	4.0
y	0.0	0.4	1.0	0.4	0.0	-0.4	-1.0	-0.4	0.0

6.6 Echte Splinefunktionen

Die zweite Ableitung einer defekten Splinefunktion g ist im allgemeinen an den Anschlusstellen unstetig (Siehe Figur 6.4). Es stellt sich die Frage, ob man die Ableitungen y_i' nicht so bestimmen kann, dass auch g'' stetig ist. Wir möchten, dass

$$P_i''(x_{i+1}) = P_{i+1}''(x_{i+1}) \quad \text{für} \quad i = 1, 2, \ldots, n-2 \tag{6.37}$$

gilt. In der neuen Variabeln t mit $Q_i(t) = P_i(x_i + h_i t)$ (siehe (6.29)) lauten die Bedingungen (6.37)

$$\frac{Q_i''(1)}{h_i^2} = \frac{Q_{i+1}''(0)}{h_{i+1}^2} \quad \text{für} \quad i = 1, 2, \ldots, n-2 \tag{6.38}$$

Wenn wir die Gleichung (6.33) ableiten, wird

$$Q_i''(t) = y_i(-6 + 12t) + y_{i+1}(6 - 12t) + h_i y_i'(-4 + 6t) + h_i y_{i+1}'(-2 + 6t) \tag{6.39}$$

und, eingesetzt in (6.38), erhält man die Gleichung

$$\frac{6}{h_i^2}(y_i - y_{i+1}) + \frac{2}{h_i} y_i' + \frac{4}{h_i} y_{i+1}' = \frac{6}{h_{i+1}^2}(y_{i+2} - y_{i+1}) - \frac{4}{h_{i+1}} y_{i+1}' - \frac{2}{h_{i+1}} y_{i+2}'. \tag{6.40}$$

Die Gleichung (6.40) ist eine lineare Gleichung für die unbekannten Ableitungen y_i', y_{i+1}' und y_{i+2}' und gilt für $i = 1, 2, \ldots, n-2$. Wenn wir diese Gleichungen nach den Unbekannten ordnen, durch 2 teilen und untereinenander aufschreiben, erhalten wir ein lineares Gleichungssystem von $n-2$ Gleichungen mit n Unbekannten

$$\mathbf{Az} = \mathbf{b}, \tag{6.41}$$

dabei ist $\mathbf{z} = (y_1', y_2', \ldots, y_n')^T$ der Unbekantenvektor und

$$\mathbf{A} = \begin{pmatrix} b_1 & a_1 & b_2 & & & \\ & b_2 & a_2 & b_3 & & \\ & & \ddots & \ddots & \ddots & \\ & & & b_{n-2} & a_{n-2} & b_{n-1} \end{pmatrix}$$

eine tridiagonale Matrix mit den Elementen

$$b_i = \frac{1}{h_i} \quad \text{und} \quad a_i = \frac{2}{h_i} + \frac{2}{h_{i+1}} \quad i = 1, 2, \ldots, n-2.$$

Die rechte Seite von (6.41) ist

$$\mathbf{b} = \begin{pmatrix} 3(d_2 + d_1) \\ 3(d_3 + d_2) \\ \vdots \\ 3(d_{n-1} + d_{n-2}) \end{pmatrix}$$

wobei die Abkürzung

$$d_i := \frac{y_{i+1} - y_i}{h_i^2} \quad i = 1, 2, \ldots, n-1 \tag{6.42}$$

verwendet wurde. Wir haben somit für die gesuchten Ableitungen $n - 2$ Gleichungen erhalten. Dadurch sind die Ableitungen noch nicht bestimmt, es fehlen uns noch 2 Gleichungen, um die y_i' zu berechnen. Wir können wiederum wie bei den defekten Splines, zusätzliche Bedingungen am Rande verlangen. Wir betrachten 3 Möglichkeiten:

1. Natürliche Randbedingungen: $P_1''(x_1) = P_{n-1}''(x_n) = 0$. Diese Bedingungen führen auf die beiden zusätzlichen Gleichungen

$$\begin{aligned} \tfrac{2}{h_1} y_1' \quad &+ \quad \tfrac{1}{h_1} y_2' \quad = 3d_1 \\ \tfrac{1}{h_{n-1}} y_{n-1}' &+ \tfrac{2}{h_{n-1}} y_n' = 3d_{n-1} \end{aligned} \tag{6.43}$$

welche man mit (6.39) aus $Q_1''(0) = Q_{n-1}''(1) = 0$ erhält. Wenn wir das Gleichungssystem (6.41) damit ergänzen, kann man die Ableitungen y_i' durch Auflösen eines linearen Gleichungssystems mit tridiagonaler Koeffizientenmatrix berechnen. *Die dadurch bestimmte Splinefunktion verhält sich ähnlich wie eine dünne biegsame Latte (englisch 'Spline'), die durch die Stützpunkte eingespannt wird.* An den Endpunkten ist die Krümmung $=0$, d.h. die zweite Ableitung verschwindet. Man kann zeigen, dass g jene zweimal stetig differenzierbare Funktion ist, welche das Integral

$$\int_{x_1}^{x_n} \left(g''(x)\right)^2 dx$$

unter den Nebenbedingungen

$$g(x_i) = y(x_i) \quad i = 1,2\ldots,n$$

minimiert. Historisch gesehen, sind die Splinefunktionen durch Lösen dieser Aufgabe entdeckt worden.

2. 'Not a knot condition' von de Boor: Hier wird verlangt, dass

$$P_1(x) \equiv P_2(x) \quad \text{und} \quad P_{n-2}(x) \equiv P_{n-1}(x) \tag{6.44}$$

ist. Die Bedingung (6.44) bedeutet, dass über die beiden ersten Intervalle (respektive über die beiden letzten Intervalle) *dasselbe* Polynom dritten Grades verwendet wird. Man erhält auch hier 2 zusätzliche Gleichungen

$$\frac{1}{h_1}y_1' + \left(\frac{1}{h_1} + \frac{1}{h_2}\right)y_2' = 2d_1 + \frac{h_1}{h_1+h_2}(d_1 + d_2)$$
$$\left(\frac{1}{h_{n-2}} + \frac{1}{h_{n-1}}\right)y_{n-1}' + \frac{1}{h_{n-1}}y_n' = 2d_{n-1} + \frac{h_{n-1}}{h_{n-1}+h_{n-2}}(d_{n-1} + d_{n-2})$$

$$\tag{6.45}$$

Die etwas seltsam anmutende Bedingung (6.44) hat folgenden Grund: Wenn die Stützpunkte Funktionswerte einer genügend oft differenzierbaren Funktion f sind und die Stützstellen gleichen Abstand h haben, so wäre nach der Fehlerabschätzung (6.7) zu erwarten, dass der Interpolationsfehler $\sim h^4$ ist. Man kann aber zeigen, dass für die Splinefunktion mit den natürlichen Randbedingungen in diesem Fall der Fehler nur proportional zu $\sim h^2$ ist. Die natürliche Randbedingung ist eher 'unnatürlich', es ist nicht einzusehen, warum die zu approximierende Funktion f ausgerechnet am Rande eine verschwindende 2. Ableitung haben sollte. Die von de Boor angegebene Bedingung (6.44) liefert eine Approximation $\sim h^4$.

Zur Herleitung von (6.45) genügt es zu verlangen, dass die beiden ersten (bzw. letzten) Polynome dieselbe dritte Ableitung haben. Da die dritte Ableitung eines Polynoms dritten Grades konstant ist, müssen dann die Polynome identisch sein. Für die beiden ersten Polynome ist die Gleichung

$$P_1'''(x_2) = P_2'''(x_2)$$

gleichbedeutend mit

$$\frac{Q_1''''(1)}{h_1^3} = \frac{Q_2''''(0)}{h_2^3}$$

und ergibt

$$\frac{1}{h_1^2}y_1' + \left(\frac{1}{h_1^2} - \frac{1}{h_2^2}\right)y_2' - \frac{1}{h_2^2}y_3' = 2\left(\frac{d_1}{h_1} - \frac{d_2}{h_2}\right). \qquad (6.46)$$

Die Gleichung (6.46) kann dem System (6.41) als erste Gleichung zugefügt werden und analog ergibt die zweite Gleichung von (6.44) eine Gleichung, die dem System als letzte Gleichung angehängt werden kann. Man erhält damit wieder n Gleichungen mit n Unbekannten, leider ist aber die Koeffizientenmatrix des Systems nicht mehr tridiagonal – die Bandstruktur ist zerstört. Da wir eine Eliminationsmethode verwenden wollen, die vom Band Gebrauch macht, muss man die Gleichung (6.46) durch eine aequivalente Gleichung ersetzen, die nur noch die Unbekannten y_1' und y_2' enthält. Sei (I) die Gleichung (6.46) und (II) die erste Gleichung des Systems (6.41). Beide enthalten die Unbekannten y_1', y_2' und y_3'. Wir können durch die Linearkombination

$$(I) + \frac{1}{h_2}(II)$$

die Unbekannte y_3' eliminieren und erhalten nach der Division durch $\left(\frac{1}{h_1} + \frac{1}{h_2}\right)$ die Gleichung

$$\frac{1}{h_1}y_1' + \left(\frac{1}{h_1} + \frac{1}{h_2}\right)y_2' = 2d_1 + \frac{h_1}{h_1 + h_2}(d_1 + d_2), \qquad (6.47)$$

welche wir nun an Stelle von (6.46) verwenden können und durch welche die tridiagonale Bandgestalt des Gleichungssystems bewahrt wird. Analog erhalten wir die zweite Gleichung von (6.45).

3. Periodische Randbedingungen: Falls die Stützwerte Funktionswerte einer periodischen Funktion sind, muss $y_1 = y_n$ sein. Man verlangt dann

$$\begin{aligned} P_1'(x_1) &= P_{n-1}'(x_n) \\ P_1''(x_1) &= P_{n-1}''(x_n) \end{aligned} \qquad (6.48)$$

Die erste Bedingung in (6.48) ist gleichbedeutend mit

$$y_1' = y_n' \qquad (6.49)$$

und die zweite, ausgedrückt in den Q_i, ist

$$\frac{Q_1''(0)}{h_1^2} = \frac{Q_{n-1}''(1)}{h_{n-1}^2}$$

und führt auf die Gleichung:

$$2\left(\frac{1}{h_1} + \frac{1}{h_{n-1}}\right) y_1' + \frac{1}{h_1} y_2' + \frac{1}{h_{n-1}} y_{n-1}' = 3(d_1 + d_{n-1}). \qquad (6.50)$$

Benützt man (6.49) um die Unbekannte y_n' zu eliminieren, so erhält man ein lineares Gleichungssystem von $(n-1)$ Gleichungen mit $(n-1)$ Unbekannten. Die Koeffizientenmatrix hat die Gestalt:

$$\mathbf{B} = \begin{pmatrix} a_0 & b_1 & 0 & \cdots & 0 & b_{n-1} \\ b_1 & a_1 & b_2 & 0 & \cdots & 0 \\ 0 & \ddots & \ddots & \ddots & & \vdots \\ \vdots & & \ddots & \ddots & \ddots & 0 \\ 0 & & & \ddots & \ddots & b_{n-2} \\ b_{n-1} & 0 & \cdots & 0 & b_{n-2} & a_{n-2} \end{pmatrix} \qquad (6.51)$$

wobei wiederum als Abkürzung

$$b_i = \frac{1}{h_i}, \quad i = 1, 2, \ldots, n-1$$

und

$$a_0 = \frac{2}{h_{n-1}} + \frac{2}{h_1}$$

$$a_i = \frac{2}{h_i} + \frac{2}{h_{i+1}}, \quad i = 1, 2, \ldots, n-2$$

gesetzt wurde. Die rechte Seite des Systems ist jetzt mit d_i definiert durch (6.42)

$$\mathbf{d} = \begin{pmatrix} 3(d_1 + d_{n-1}) \\ 3(d_2 + d_1) \\ \vdots \\ 3(d_{n-1} + d_{n-2}) \end{pmatrix} \tag{6.52}$$

Das Gleichungssystem wäre tridiagonal, wenn nicht die beiden Eckelemente unten links und oben rechts vorhanden wären. Im nächsten Abschnitt werden wir uns mit dem Auflösen des Systems beschäftigen.

Aufgabe 6.18 *Für die Punkte*

$$\begin{array}{c|ccccc} x & 0 & 1 & 3 & 4 & 6 \\ \hline y & 2 & 4 & 4 & 2 & 1 \end{array}$$

berechne man die Ableitungen nach folgenden Methoden:

a) *defekter Spline mit natürlichen Randbedingungen*

b) *echter Spline mit natürlichen Randbedingungen*

Aufgabe 6.19 *Wie lautet das Gleichungssystem für die Ableitungen einer echten Splinefunktion mit natürlichen Randbedingungen, wenn die Stützstellen gleichabständig ($x_{i+1} - x_i = h = const$) sind ?*

6.7 Tridiagonale lineare Gleichungssysteme

Bei den echten Splinefunktionen werden die Ableitungen y_i' durch Auflösen von *tridiagonalen linearen Gleichungssystemen* erhalten. Diese Systeme könnten mit den Methoden von Kap. 5 gelöst werden. Wenn

man aber sehr viele Stützpunkte hat, muss man von der speziellen
Struktur der Gleichungssysteme Gebrauch machen, weil man sonst
leicht zuwenig Speicherplatz hat, um die Koeffizientenmatrix zu speichern, die vorwiegend aus Nullen besteht.

Wir betrachten im folgenden das lineare Gleichungssystem

$$\mathbf{Ax} = \mathbf{b} \tag{6.53}$$

wobei $\mathbf{A}$ die $n \times n$ Tridiagonalmatrix

$$\mathbf{A} = \begin{pmatrix} a_1 & b_1 & & & \\ c_1 & a_2 & b_2 & & \\ & c_2 & \ddots & \ddots & \\ & & \ddots & \ddots & b_{n-1} \\ & & & c_{n-1} & a_n \end{pmatrix} \tag{6.54}$$

ist. Wir möchten das Gleichungssystem (6.53) durch Multiplikationen
mit Givensrotationsmatrizen $\mathbf{G}^{(ik)}$ (siehe Kap. 5) von links wiederum
in ein äquivalentes mit einer Rechtsdreiecksmatrix überführen. $\mathbf{G}^{(ik)}$
unterscheidet sich von der Einheitsmatrix nur in den Elementen

$$\begin{aligned} g_{ii} &= g_{kk} = c = \cos\alpha \\ g_{ik} &= -g_{ki} = s = \sin\alpha \end{aligned}$$

Wenn wir die Matrix $\mathbf{A}$ von links mit $\mathbf{G}^{(ik)}$ multiplizieren, so ändern
in $\mathbf{A}$ die beiden Zeilen Nummer i ($\mathbf{rA}_i$) und k ($\mathbf{rA}_k$):

$$\begin{aligned} \mathbf{rA}_i^{neu} &:= \cos\alpha \cdot \mathbf{rA}_i^{alt} + \sin\alpha \cdot \mathbf{rA}_k^{alt} \\ \mathbf{rA}_k^{neu} &:= -\sin\alpha \cdot \mathbf{rA}_i^{alt} + \cos\alpha \cdot \mathbf{rA}_k^{alt} \end{aligned} \tag{6.55}$$

Wir können nun die Drehwinkel α so wählen, dass an geeigneten Stellen
in der Koeffizientenmatrix Elemente null werden. Wir illustrieren dies
schematisch a für $n = 5$. Im ersten Schritt wählen wir eine Matrix
$\mathbf{G}^{(12)}$, welche die beiden ersten Zeilen von $\mathbf{A}$ verändert, so dass

$$\mathbf{G}^{(12)} \begin{array}{|ccc|} \hline x & x & \\ \hline x & x & x \\ \hline & x & x & x \\ & & x & x & x \\ & & & x & x \\ \hline \end{array} = \begin{array}{|ccc|} \hline x & x & X \\ \hline 0 & x & x \\ \hline & x & x & x \\ & & x & x & x \\ & & & x & x \\ \hline \end{array}$$

wird. Durch die Linearkombination der beiden ersten Zeilen kann man $a_{21} = 0$ machen und es entsteht das Element $a_{13} = X \neq 0$. Im zweiten Schritt wählen wir eine Matrix $\mathbf{G}^{(23)}$, welche die zweite und dritte Zeile der Matrix verändert, so dass

$$\mathbf{G}^{(23)} \begin{array}{|ccc|} \hline x & x & X \\ \hline 0 & x & x \\ \hline & x & x & x \\ \hline & & x & x & x \\ \hline & & & x & x \\ \hline \end{array} = \begin{array}{|ccc|} x & x & X \\ 0 & x & x & X \\ 0 & x & x \\ & x & x & x \\ & & x & x \\ \end{array}$$

wird. Dabei wählen wir α so, dass $a_{32} = 0$ wird. Es entsteht ein neues Element $a_{24} \neq 0$. Eine weitere Rotation mit $\mathbf{G}^{(34)}$ bewirkt

$$\mathbf{G}^{(34)} \begin{array}{|ccc|} x & x & X \\ 0 & x & x & X \\ \hline 0 & x & x \\ \hline & x & x & x \\ & & x & x \\ \end{array} = \begin{array}{|ccc|} x & x & X \\ 0 & x & x & X \\ 0 & x & x & X \\ 0 & x & x \\ & x & x \\ \end{array}$$

und schliesslich transformiert $\mathbf{G}^{(45)}$ die Matrix $\mathbf{A}$ auf eine Rechtsdreiecksmatrix :

$$\mathbf{G}^{(45)} \begin{array}{|ccc|} x & x & X \\ 0 & x & x & X \\ 0 & x & x & X \\ \hline 0 & x & x \\ \hline & x & x \\ \end{array} = \begin{array}{|ccc|} x & x & X \\ 0 & x & x & X \\ 0 & x & x & X \\ 0 & x & x \\ & 0 & x \\ \end{array}$$

Die Lösung wird anschliessend durch Rückwärtseinsetzen berechnet. Die ganze Transformation kann so gemacht werden, dass man mit den drei Vektoren auskommt, in denen die drei Diagonalen von $\mathbf{A}$ gespeichert sind. Der Vektor $\mathbf{c}$ wird durch die neue Diagonale überschrieben:

$$\begin{pmatrix} a_1 & b_1 & & & \\ c_1 & a_2 & b_2 & & \\ & \ddots & \ddots & \ddots & \\ & & \ddots & \ddots & b_{n-1} \\ & & & c_{n-1} & a_n \end{pmatrix} \longmapsto \begin{pmatrix} a_1 & b_1 & c_1 & & \\ & \ddots & \ddots & \ddots & \\ & & \ddots & \ddots & c_{n-2} \\ & & & \ddots & b_{n-1} \\ & & & & a_n \end{pmatrix}$$

Die folgende Prozedure *tridia* löst ein tridiagonales Gleichungssystem mit Koeffizientenmatrix (6.54) und rechter Seite **x**. Die Vektoren **a**, **b** und **c** enthalten nach dem Aufruf die Koeffizienten der Rechtsdreiecksmatrix und ebenso wird die rechte Seite mit der Lösung überschrieben.

Algorithmus 6.5
procedure *tridia*(n : *integer;* **var** c, a, b, x : *vektor*) ;
var i : *integer; co, si, h, t* : *real;*
begin
    $b[n] := 0;$
    for $i := 1$ **to** $n - 1$ **do**
    if $c[i] <> 0$ **then**
    begin
        $t := a[i]/c[i]; \ si := 1/sqrt(1 + t * t); \ co := t * si;$
        $a[i] := a[i] * co + c[i] * si; h := b[i];$
        $b[i] := h * co + a[i + 1] * si; a[i + 1] := -h * si + a[i + 1] * co;$
        $c[i] := b[i + 1] * si; b[i + 1] := b[i + 1] * co;$
        $h := x[i]; x[i] := h * co + x[i + 1] * si;$
        $x[i + 1] := -h * si + x[i + 1] * co$
    end;
    (* *Rückwärtseinsetzen* *)
    $x[n] := x[n]/a[n]; x[n - 1] := (x[n - 1] - b[n - 1] * x[n])/a[n - 1];$
    for $i := n - 2$ **downto** 1 **do**
    $x[i] := (x[i] - b[i] * x[i + 1] - c[i] * x[i + 2])/a[i]$
end

Mit dem Algorithmus *tridia* lassen sich jetzt die Ableitungen y'_i für die natürlichen Randbedingungen und für die 'not a knot' Randbedingung schnell und mit wenig Speicherplatz (es werden nur $4n$ Speicherplätze benötigt) berechnen. Bei den periodischen Randbedingungen ist die Koeffizientenmatrix **B** (6.51) nicht tridiagonal und wir können *tridia* nicht benützen.

Man kann aber B als eine *Rang 1 Modifikation* einer tridiagonalen Matrix darstellen. Es gilt

$$\mathbf{B} = \mathbf{A} + \frac{1}{h_{n-1}}\mathbf{e}\mathbf{e}^T, \tag{6.56}$$

wobei

$$\mathbf{e} := (1, 0, \ldots, 0, 1)^T$$

und

$$\mathbf{A} := \begin{pmatrix} \tilde{a}_0 & b_1 & & & \\ b_1 & a_1 & b_2 & & \\ & b_2 & \ddots & \ddots & \\ & & \ddots & a_{n-3} & b_{n-2} \\ & & & b_{n-2} & \tilde{a}_{n-2} \end{pmatrix}$$

mit denselben a_i und b_i wie in (6.51) und

$$\tilde{a}_0 = \frac{1}{h_{n-1}} + \frac{2}{h_1}, \quad \tilde{a}_{n-2} = \frac{2}{h_{n-2}} + \frac{1}{h_{n-1}}$$

definiert ist. Unter Benützung des folgenden Satzes kann man dann die Lösung eines Gleichungssystems mit Koeffizientenmatrix $\mathbf{B}$ berechnen indem 2 Gleichungssysteme mit der tridiagonalen Matrix $\mathbf{A}$ gelöst werden.

Satz 6.4 *Seien* $\mathbf{p}$ *und* $\mathbf{q}$ *zwei Vektoren und* α *eine Zahl und es gelte* $\alpha\mathbf{q}^T\mathbf{p} \neq -1$. *Dann ist*

$$\left(\mathbf{I} + \alpha\mathbf{p}\mathbf{q}^T\right)^{-1} = \mathbf{I} - \frac{\alpha}{\alpha\mathbf{q}^T\mathbf{p} + 1}\mathbf{p}\mathbf{q}^T \tag{6.57}$$

Der Beweis sei eine Übungsaufgabe. Mit diesem Satz können wir nun das Gleichungssystem $\mathbf{B}\mathbf{y}' = \mathbf{d}$ wie folgt lösen:

$$\begin{aligned} \mathbf{y}' = \mathbf{B}^{-1}\mathbf{d} &= \left(\mathbf{A} + \frac{1}{h_{n-1}}\mathbf{e}\mathbf{e}^T\right)^{-1}\mathbf{d} \\ &= \left(\mathbf{A}(\mathbf{I} + \frac{1}{h_{n-1}}\mathbf{A}^{-1}\mathbf{e}\mathbf{e}^T)\right)^{-1}\mathbf{d} \\ &= \left(\mathbf{I} + \frac{1}{h_{n-1}}\mathbf{A}^{-1}\mathbf{e}\mathbf{e}^T\right)^{-1}\mathbf{A}^{-1}\mathbf{d}. \end{aligned}$$

Wenn wir die Vektoren

$$\begin{aligned} \mathbf{u} &:= \mathbf{A}^{-1}\mathbf{e} \quad \text{d.h.} \quad \mathbf{A}\mathbf{u} = \mathbf{e} \\ \mathbf{v} &:= \mathbf{A}^{-1}\mathbf{d} \quad \text{d.h.} \quad \mathbf{A}\mathbf{v} = \mathbf{d} \end{aligned} \tag{6.58}$$

und die Zahl $\alpha = 1/h_{n-1}$ einführen, können wir die Gleichung (6.57) anwenden und erhalten

$$\mathbf{y}' = \left(\mathbf{I} - \frac{1/h_{n-1}}{1/h_{n-1}\mathbf{e}^T\mathbf{u} + 1}\mathbf{u}\mathbf{e}^T\right)\mathbf{v} = \mathbf{v} - \frac{\mathbf{e}^T\mathbf{v}}{\mathbf{e}^T\mathbf{u} + h_{n-1}}\mathbf{u}. \qquad (6.59)$$

Weil $\mathbf{e}^T\mathbf{u} = u_1 + u_{n-1}$ ist, vereinfacht sich der Ausdruck in (6.59) noch mehr und wir erhalten die Ableitungen für die periodischen Randbedingungen in drei Schritten:

1. $\mathbf{Au=e}$ mit *tridia* lösen

2. $\mathbf{Av=d}$ mit *tridia* lösen

3. $\mathbf{y}' = \mathbf{v} - \frac{v_1 + v_{n-1}}{u_1 + u_{n-1} + h_{n-1}}\mathbf{u}$

Aufgabe 6.20 *Man beweise durch Ausmultiplizieren der beiden Matrizen*

$$\left(\mathbf{I} - \frac{\alpha}{\alpha\mathbf{q}^T\mathbf{p} + 1}\mathbf{p}\mathbf{q}^T\right) \cdot \left(\mathbf{I} + \alpha\mathbf{p}\mathbf{q}^T\right)$$

die Gleichung (6.57).

Aufgabe 6.21 *Man erweitere die Prozedur tridia so, dass die beiden Gleichungssysteme* $\mathbf{Au=e}$ *und* $\mathbf{Av=d}$ *gleichzeitig gelöst werden können. Hinweis: Die Givensrotationen gleichzeitig auf die beiden rechten Seiten ausüben.*

Aufgabe 6.22 *Die inverse Matrix von*

$$\mathbf{A} = \begin{pmatrix} 1 & 1 & 1 & 1 \\ 1 & 2 & 3 & 4 \\ 1 & 3 & 6 & 10 \\ 1 & 4 & 10 & 20 \end{pmatrix}$$

ist

$$\mathbf{A}^{-1} = \begin{pmatrix} 4 & -6 & 4 & -1 \\ -6 & 14 & -11 & 3 \\ 4 & -11 & 10 & -3 \\ -1 & 3 & -3 & 1 \end{pmatrix}$$

Die Matrix

$$\mathbf{B} = \begin{pmatrix} 1 & 1 & 1 & 0 \\ 1 & 2 & 3 & 4 \\ 1 & 3 & 6 & 10 \\ 1 & 4 & 10 & 20 \end{pmatrix}$$

kann als Rang 1 Modifikation von $\mathbf{A}$ *dargestellt werden. Man benütze diese Darstellung um das Gleichungssystem*

$$\mathbf{B}\mathbf{x} = (1, 0, 0, 0)^T$$

unter Verwendung von $\mathbf{A}^{-1}$ *zu lösen.*

Aufgabe 6.23 *Man berechne die inverse Matrix von*

$$\mathbf{A} = \begin{pmatrix} \alpha+1 & 1 & 1 & 1 \\ 1 & \alpha+1 & 1 & 1 \\ 1 & 1 & \alpha+1 & 1 \\ 1 & 1 & 1 & \alpha+1 \end{pmatrix}$$

mit $\alpha > 0$ *mittels der Technik der Rang 1 Modifikation.*

Aufgabe 6.24 *Man schreibe eine Prozedur zur Lösung von tridiagonalen linearen Gleichungssystemen nach der Methode der Gauss'schen Dreieckszerlegung (siehe Kap. 5). Man mache dabei den Ansatz*

$$\begin{pmatrix} a_1 & b_1 & & \\ c_1 & \ddots & \ddots & \\ & \ddots & \ddots & b_{n-1} \\ & & c_{n-1} & a_n \end{pmatrix} = \begin{pmatrix} 1 & & & \\ l_1 & 1 & & \\ & \ddots & \ddots & \\ & & l_{n-1} & 1 \end{pmatrix} \cdot \begin{pmatrix} \alpha_1 & \beta_1 & & \\ & \alpha_2 & \ddots & \\ & & \ddots & \beta_{n-1} \\ & & & \alpha_n \end{pmatrix}$$

Man multipliziere die beiden Matrizen auf der rechten Seite aus und stelle durch Vergleich mit der linken Seite Rekursionsformeln für die l_i, α_i *und* β_i *auf. Die Auflösung des Gleichungssystems erfolgt durch Vorwärts- und Rückwärtseinsetzen. Man vergleiche die Anzahl der Rechenoperationen mit denjenigen der Prozedur* tridia.

Aufgabe 6.25 *Man schreibe ein Programm für die Interpolation mittels einer echten Splinefunktion.*

6.8 Interpolation von Kurven

Gegeben seien n Punkte in der Ebene mit den Koordinaten (x_i, y_i) für $i = 1, 2, \ldots, n$. Gesucht ist eine Kurve, welche die Punkte verbindet. Die Reihenfolge der Punkte, d.h. die Nummerierung, ist hier wichtig, da bei einer Umnummerierung die Kurve ganz anders durch die Punkte verläuft.

Bei ebenen Kurven sind die x und y Koordinaten Funktionen eines Parameters s:

$$(x(s), y(s)) \quad \text{wobei} \quad s_1 \leq s \leq s_n.$$

Wir können die gegebenen Punkte als Funktionswerte zu einem gewissen Parameter auffasssen, allerdings kennen wir die Parameterwerte s_i nicht:

$$x(s_i) = x_i, \quad y(s_i) = y_i \quad i = 1, 2, \ldots, n.$$

Die Folge $\{s_i\}$ kann beliebig gewählt werden, es muss nur darauf geachtet werden, dass sie monoton wächst: $s_i < s_{i+1}$. Oft nimmt man als Parameter die Bogenlänge und daher ist es hier sinnvoll, den Abstand des einen Punktes zum anderen zu verwenden:

$$
\begin{aligned}
s_1 &= 0 \\
s_{i+1} &= s_i + \sqrt{(x_{i+1} - x_i)^2 + (y_{i+1} - y_i)^2} \\
&\quad i = 1, 2, \ldots, n-1
\end{aligned}
\tag{6.60}
$$

Ist die Folge $\{s_i\}$ nach (6.60) berechnet, hat man die Daten

$$
\begin{array}{c|cccc}
s & s_1 & s_2 & \ldots & s_n \\
\hline
x & x_1 & x_2 & \ldots & x_n
\end{array}
\quad \text{für} \quad x(s)
$$

und

$$
\begin{array}{c|cccc}
s & s_1 & s_2 & \ldots & s_n \\
\hline
y & y_1 & y_2 & \ldots & y_n
\end{array}
\quad \text{für} \quad y(s).
$$

Beide Funktionen $x(s)$ und $y(s)$ können nun mittels irgendeiner Variante der Splineinterpolation interpoliert werden und man kann die Kurve berechnen und zeichnen.

Bei geschlossenen Kurven ist es wichtig, die periodischen Randbedingungen zu verwenden, damit kein Knick entsteht.

Beispiel 6.7 *Für die Punkte*

x	1.31	2.89	5.05	6.67	3.12	2.05	0.23	3.04	1.31
y	7.94	5.50	3.47	6.40	3.77	1.07	3.77	7.41	7.94

erhält man mit dem echten Spline und periodischen Randbedingungen die Kurve von Figur 6.5

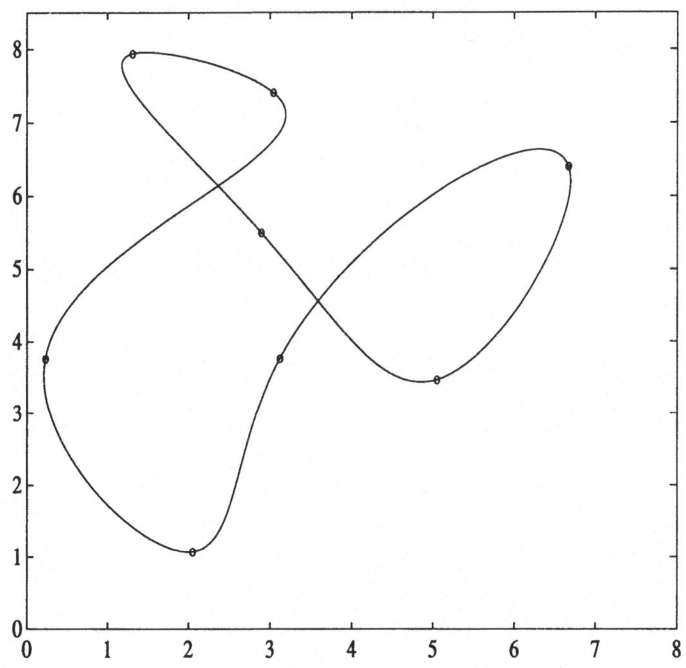

Figur 6.5: Spline Kurve

Aufgabe 6.26 *Die Gleichungen*

$$x = \sin t$$
$$y = \sin(2t - \tfrac{\pi}{4})$$

$$(6.61)$$

stellen eine geschlossene Kurve dar. Man schreibe ein Programm für die Splineinterpolation von Kurven, berechne n Punkte von (6.61), interpoliere sie und vergleiche die Interpolation mit der exakten Kurve (durch Berechnen einer Wertetabelle oder durch eine Zeichnung).

Kapitel 7
Numerische Integration

In diesem Kapitel werden numerische Verfahren vorgestellt, mit denen bestimmte *Integrale* berechnet (*numerische Quadratur*) und Systeme von Differentialgleichungen (Anfangswertprobleme) integriert werden können. Wir beginnen mit der ersten Aufgabe. Gegeben sei eine reelle Funktion $f(x)$ und gesucht ist das Integral

$$I = \int_a^b f(x)dx. \tag{7.1}$$

Alle numerischen Verfahren berechnen im Prinzip I angenähert durch eine Riemann'sche Summe. Man nimmt dabei eine Einteilung des Intervalls $[a, b]$ vor

$$a = x_0 < x_1 < \cdots < x_n = b,$$

wählt geeignete Gewichte w_i und verwendet

$$\sum_{i=0}^n w_i f(x_i) \approx I \tag{7.2}$$

als Approximation für das gesuchte Integral. Die spezielle Wahl der Gewichte w_i und der Knotenpunkte x_i charakterisiert eine bestimmte *Quadraturformel*.

Die Approximation (7.2) hat zur Folge, dass es unmöglich ist, narrensichere Quadraturformeln zu konstruieren. Der Beweis dafür ist sehr einfach: Angenommen das Programm $int(a, b, f, eps)$ berechne das Integral (7.1) bis auf eine vorgegebene Genauigkeit *eps*. Wir konstruieren wie folgt eine Funktion, welche *int* nicht richtig integriert. Zuerst benützen wir *int*, um die Funktion

```
function f(x : real) : real;
begin
    writeln(x); f := 1
end
```

zu integrieren. Das Programm *int* wird für diese konstante Funktion den Wert $I = b - a$ berechnen und dabei noch die Folge $\{x_k\}, k = 1, 2, \ldots n$, die benützt wurde, ausdrucken. Mit dieser Folge konstruieren wir nun die Funktion

$$g(x) = 1 + \prod_{k=1}^{n} (x - x_k)^2,$$

welche für $x = x_k$ wie f den Wert $g(x_k) = 1$ annimmt, sonst aber grösser als f ist. Das Programm *int* kann dies nicht bemerken und wird mit dem falschen Integralwert $b - a$ die Rechnung beenden.

7.1   Die Trapezregel

Eine sehr einfache Quadraturformel erhält man, wenn die Funktion f durch eine Gerade ersetzt wird, d.h. wenn die Fläche zwischen der Funktion und der x-Achse durch ein Trapez approximiert wird (Siehe Figur 7.1):

$$T(h) = \frac{h}{2}\left(f(a) + f(b)\right) \quad \text{mit} \quad h := b - a \qquad (7.3)$$

Man erhält einen genaueren Wert für das Integral, wenn das Intervall $[a, b]$ in n gleichgrosse Teilintervalle (x_i, x_{i+1}) der Länge $h = x_{i+1} - x_i$ unterteilt wird und man die Trapezregel (7.3) auf jedes Teilintervall anwendet. Wir erhalten so den

Satz 7.1 *(Trapezregel für mehrere Intervalle)*
   Sei $h = \frac{b-a}{n}$, $x_i = a + ih$ und $y_i = f(x_i)$ für $i = 0, 1, 2, \ldots, n$. Die Trapezregel liefert die Näherung

$$T(h) = h\left(\frac{1}{2}y_0 + y_1 + \cdots + y_{n-1} + \frac{1}{2}y_n\right). \qquad (7.4)$$

Ferner gilt für den Integrationsfehler

$$\left|\int_a^b f(x)dx - T(h)\right| = \frac{b-a}{12}h^2|f''(\xi)|, \qquad (7.5)$$

wobei $a \leq \xi \leq b$ ist.

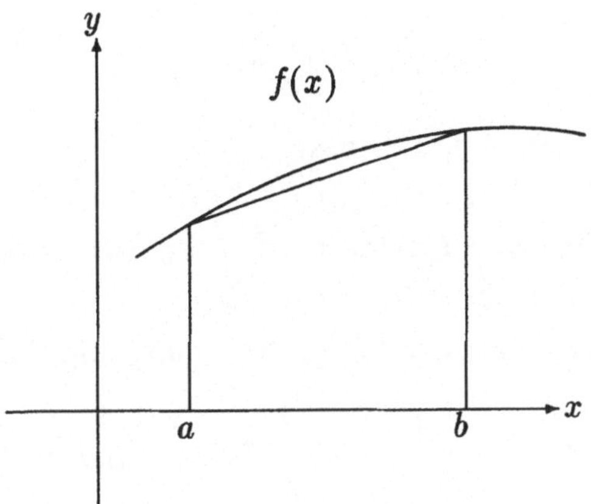

Figur 7.1: Trapezregel

Der Beweis von (7.4) ist offensichtlich, für die Fehlerabschätzung (7.5) berechnen wir zunächst den Fehler des Trapezwertes

$$T_i(h) = \frac{h}{2}(y_i + y_{i+1})$$

für ein Teilintervall (x_i, x_{i+1}). Wir betrachten dazu die Funktion

$$F(z) = \int_{m-\frac{z}{2}}^{m+\frac{z}{2}} f(x)dx - \frac{z}{2}\left(f(m + \frac{z}{2}) + f(m - \frac{z}{2})\right), \qquad (7.6)$$

wobei $m = (x_i + x_{i+1})/2$ die Intervallmitte ist. Für $z = h = x_{i+1} - x_i$ ist

$$F(h) = \int_{x_i}^{x_{i+1}} f(x)dx - \frac{h}{2}\left(f(x_{i+1}) + f(x_i)\right) \qquad (7.7)$$

der gesuchte Fehler. Die erste Ableitung von F ist

$$F'(z) = -\frac{z}{4}\left(f'(m + \frac{z}{2}) - f'(m - \frac{z}{2})\right) \qquad (7.8)$$

Nach dem Mittelwertsatz der Differentialrechnung gibt es ein ξ_z so, dass

$$f'(m + \frac{z}{2}) - f'(m - \frac{z}{2}) = z f''(m + \xi_z) \quad \text{mit} \quad -\frac{z}{2} \le \xi_z \le \frac{z}{2}$$

ist. Also ist

$$F'(z) = -\frac{z^2}{4} f''(m + \xi_z). \tag{7.9}$$

Aus (7.6) folgt $F(0) = 0$, daher ist

$$F(z) = \int_0^z F'(t)dt = -\frac{1}{4} \int_0^z t^2 f''(m + \xi_t)dt.$$

Mit dem Mittelwertsatz der Integralrechnung folgt schliesslich

$$F(z) = -\frac{1}{4} f''(\xi_i) \int_0^z t^2 dt = -\frac{z^3}{12} f''(\xi_i), \tag{7.10}$$

wobei nun $x_i < m - \frac{z}{2} \le \xi_i \le m + \frac{z}{2} < x_{i+1}$ ist. Speziell für $z = h$ ist

$$F(h) = \int_{x_i}^{x_{i+1}} f(x)dx - T_i(h) = -\frac{h^3}{12} f''(\xi_i) \tag{7.11}$$

mit $x_i \le \xi_i \le x_{i+1}$. Für den Gesamtfehler müssen wir alle Beiträge (7.11) der Teilintervalle addieren

$$\sum_{i=0}^{n-1} \left(\int_{x_i}^{x_{i+1}} f(x)dx - T_i(h) \right) = -\frac{h^3}{12} \sum_{i=0}^{n-1} f''(\xi_i). \tag{7.12}$$

Wenn wir den Mittelwert

$$M = \frac{1}{n} \sum_{i=0}^{n-1} f''(\xi_i)$$

bilden und f'' stetig ist, muss es wiederum ein ξ im Intervall $[a,b]$ geben, so dass $M = f''(\xi)$ ist. Also vereinfacht sich die Gleichung (7.12) und ergibt wegen $nh = b - a$

$$\int_a^b f(x)dx - T(h) = -\frac{h^3}{12} n f''(\xi) = -\frac{(b-a)h^2}{12} f''(\xi), \tag{7.13}$$

was zu zeigen war.

Da ξ unbekannt ist, kann man die für eine gewisse Genauigkeit erforderliche *Schrittweite* h nur bestimmen, indem f'' im Intervall $[a, b]$ abgeschätzt wird. Häufig führt man diese Abschätzung gar nicht durch, sondern berechnet eine Folge von Näherungen $\{T(h_i)\}$, indem die Schrittweite immer halbiert wird: $h_{i+1} = h_i/2$ und hört auf, wenn zwei aufeinanderfolgende Näherungen bis auf eine vorgegebene Genauigkeit übereinstimmen.

Da bei jeder Halbierung der Schrittweite etwa doppelt soviele Summanden in (7.4) auftreten, wird der Rechenaufwand sehr bald enorm. Bei den Quadraturformeln wird der Rechenaufwand in traditioneller Weise durch die *Anzahl der Funktionsauswertungen von f* gemessen. Je weniger Funktionsauswertungen für eine gewisse Genauigkeit benötigt werden, umso besser ist die Quadraturformel.

Wenn wir eine Folge von Näherungen mit der Trapezregel berechnen und dabei immer die Schrittweite halbieren, so werden bei der feineren Schrittweite auch die Funktionswerte der gröberen Schrittweite gebraucht. Man kann also den Rechenaufwand halbieren, wenn die alten Funktionswerte nicht nochmals für die feinere Schrittweite neu berechnet werden. Wir betrachten dazu den Fall $n = 4$. Es ist $h_2 = (b - a)/4$ und

$$h_3 = \frac{h_2}{2} = \frac{b - a}{8}.$$

Wenn wir die Klammer in (7.4), die Funktionswertsumme, mit s_i bezeichnen, ist in unserem Fall

$$s_2 = \frac{1}{2}f(a) + f(a + h_2) + f(a + 2h_2) + f(a + 3h_2) + \frac{1}{2}f(b).$$

Wird die Schrittweite halbiert, so kommen bei der neuen Funktionswertsumme 4 weitere Funktionswerte dazwischen, d.h wir erhalten die einfache Rekursionsformel, um die Funktionswertsumme nachzuführen

$$s_3 = s_2 + f(a + h_3) + f(a + 3h_3) + f(a + 5h_3) + f(a + 7h_3). \quad (7.14)$$

Man sieht also aus Gleichung (7.14), dass die neue Funktionswertsumme aus der alten durch Addition der neuen Funktionswerte entsteht. Im nachfolgenden Algorithmus wird die Schrittweite solange halbiert, bis der relative Fehler von zwei aufeinanderfolgenden Näherungen kleiner als eine vorgegebene Schranke *eps* ist.

Algorithmus 7.1

```
function trapez(a,b, eps : real):real;
var h,s,ta,tn : real ; j, zh : integer ;
    (* globale function f *)
begin
    h := b − a; s := (f(a) + f(b))/2;
    tn := h ∗ s; zh := 1;
    repeat
        ta := tn; zh := 2 ∗ zh; h := h/2;
        j := 1;
        repeat
            s := s + f(a + j ∗ h); j := j + 2
        until j > zh;
        tn := h ∗ s;
    until abs(tn − ta) ≤ eps ∗ abs(tn);
    trapez := tn;
end
```

Beispiel 7.1 *Wir berechnen das Integral*

$$\int_0^1 \frac{xe^x}{(x+1)^2}\, dx = \frac{e-2}{2} = 0.3591409142\ldots$$

Für eps $= 10^{-4}$ *erhält man die Werte:*

i	h_i	$T(h_i)$
0	1	0.339785
1	$\frac{1}{2}$	0.353084
2	$\frac{1}{4}$	0.357515
3	$\frac{1}{8}$	0.358726
4	$\frac{1}{16}$	0.359036
5	$\frac{1}{32}$	0.359114
6	$\frac{1}{64}$	0.359133

Aus dem Fehlergesetz (7.5) sieht man, dass wenn f'' nicht zu sehr ändert, der Fehler bei der Halbierung der Schrittweite mit dem Faktor $\frac{1}{4}$ abnehmen muss:

$$\left(\frac{h}{2}\right)^2 = \frac{1}{4}h^2.$$

Wenn wir aus der Tabelle des Beispiels die Werte $T(h_2)$ und $T(h_3)$ herausgreifen und den Quotienten

$$\frac{T(h_3) - I}{T(h_2) - I} = 0.25519$$

bilden, so finden wir gute Übereinstimmung mit der Theorie.

Aufgabe 7.1 *Man berechne mit der Trapezregel für $h = 0.5$ und $h = 0.25$ das Integral $\int_2^4 \ln x\, dx$. Man berechne den Integrationsfehler in beiden Fällen. Wieviel nimmt der Fehler ab bei der Halbierung der Schrittweite ?*

Aufgabe 7.2 *Wie klein muss die Schrittweite h sein, damit das Integral $\int_2^5 x \ln x\, dx$ bis auf einen Fehler kleiner als 10^{-8} mit der Trapezregel berechnet werden kann ? Man schätze h mittels Gleichung (7.5) und prüfe das Resultat durch Integration mit dem Programm trapez nach.*

Aufgabe 7.3 *Integrale über eine volle Periode bei stetig differenzierbaren periodischen Funktionen (welche bei den Fourierreihen vorkommen können) werden am besten mit der Trapezregel integriert. Um das zu illustrieren berechne man das Integral $\int_0^T \sqrt{1 + \cos^2 x}\, dx$ für $T = \pi$ (volle Periode) und $T = 4$ mittels des Algorithmus trapez, drucke aufeinanderfolgende Näherungen aus und beobachte die Konvergenz.*

7.2 Die Regel von Simpson

Die Trapezregel wurde erhalten, indem der Integrand f stückweise durch *lineare Funktionen* approximiert wurde. Wir wollen nun das Integral (7.1) angenähert berechnen, in dem wir durch die 3 Punkte

$$
\begin{array}{c|ccc}
x & a & \frac{a+b}{2} & b \\
\hline
f(x) & y_0 & y_1 & y_2
\end{array}
$$

eine Parabel $P_2(x)$ legen und diese integrieren:

$$I \approx \int_a^b P_2(x)dx \tag{7.15}$$

Um die Rechnungen zu vereinfachen, machen wir beim Integral (7.12) eine Variabelntransformation

$$x = a + h(t+1), \tag{7.16}$$

wobei $h = \frac{b-a}{2}$ die Schrittweite zwischen den Funktionswerten ist. Es ist dann

$$P_2(x) = P_2(a + h(t+1)) =: Q_2(t) = at^2 + bt + c \tag{7.17}$$

und wegen $dx = hdt$, folgt

$$\int_a^b P_2(x)dx = h \int_{-1}^1 Q_2(t)dt = h(\frac{2}{3}a + 2c). \tag{7.18}$$

Die Koeffizienten a, b und c ergeben sich aus der Interpolationsbedingung

$$\begin{aligned}
P(a) \quad &= y_0 = Q_2(-1) = a - b + c \\
P(\tfrac{a+b}{2}) &= y_1 = Q_2(0) \quad = c \\
P_2(b) \quad &= y_2 = Q_2(1) \quad = a + b + c
\end{aligned}$$

Die Auflösung ergibt

$$c = y_1, \quad a = \frac{y_2 - 2y_1 + y_0}{2} \quad \text{und} \quad b = \frac{y_2 - y_0}{2}$$

Setzt man schliesslich die Werte von a und c in (7.18) ein, so erhalten wird die *Simpson Regel*:

$$\int_a^b f(x)dx \approx \frac{h}{3}(y_0 + 4y_1 + y_2). \tag{7.19}$$

Wiederum kann man die Genauigkeit verbessern, wenn man das Intervall $[a, b]$ in Teilintervalle unterteilt und die Simpsonregel auf je zwei Teilintervalle angewendet. Man erhält damit den

Satz 7.2 *(Simpsonregel für mehrere Intervalle)*

Sei $h = \frac{b-a}{2n}$, $x_i = a + ih$ und $y_i = f(x_i)$ für $i = 0, 1, 2, \ldots, 2n$. Die Simpsonregel liefert den Näherungswert

$$S(h) = \frac{h}{3} \left(y_0 + 4y_1 + 2y_2 + 4y_3 + \cdots + 2y_{2n-2} + 4y_{2n-1} + y_{2n} \right)$$

$$(7.20)$$

und für den Intergationsfehler gilt

$$\left| \int_a^b f(x)dx - S(h) \right| = \frac{(b-a)h^4}{180} \left| f^{(4)}(\xi) \right|, \qquad (7.21)$$

wobei $a \leq \xi \leq b$ ist.

Die Berechnung eines Integrals mit der Simpsonregel erfordert immer eine *gerade* Anzahl von Teilintervallen. Der Beweis von (7.20) ist offensichtlich und für die Fehlerabschätzung kann man genau gleich wie bei der Trapezregel vorgehen. Man betrachtet dazu die Funktion

$$F(z) = \int_{m-z}^{m+z} f(x)dx - \frac{z}{3} \left(f(m+z) + 4f(m) + f(m-z) \right), \qquad (7.22)$$

wobei m die Mitte der beiden Teilintervalle bezeichnet. Es ist $F(h)$ der gesuchte Fehler für zwei Teilintervalle. Durch dreimaliges Ableiten und Benützung der Mittelwertsatzes folgt (7.21). Die genaue Ausführung sei eine Übungsaufgabe.

Mit der Formel (7.21) kann man die Schrittweite h berechnen, die für eine gewisse Genauigkeit nötig ist, indem die vierte Ableitung von f im Intervall $[a, b]$ abgeschätzt wird. Meistens wird man aber diese Abschätzung nicht durchführen, sondern wiederum durch Halbieren der Schrittweite solange Simpson-Näherungen berechnen, bis zwei auf eine vorgegebene Genauigkeit übereinstimmen. Wie bei der Trapezregel, wird man auch wieder darauf achten, schon verwendete Funktionswerte nicht neu zu berechnen. In der Simpsonregel (7.20) werden die Funktionswerte y_i in der Klammer abwechslungsweise mit den Gewichten 2 und 4 multipliziert mit Ausnahme des ersten und des letzten Funktionswertes, die das Gewicht 1 haben. Bei Halbierung der Schrittweite kommen dazwischen neue Funktionswerte hinzu, die alle das Gewicht 4 erhalten. Wir zeigen dies für den Fall $n = 4$. Es ist hier

$$S(h) = \frac{h}{3}\left(y_0 + 4y_1 + 2y_2 + 4y_3 + 2y_4 + 4y_5 + 2y_6 + 4y_7 + y_8\right).$$

$$(7.23)$$

Wir fassen die Funktionswerte mit gleichem Gewicht zusammen

$$\begin{aligned} s1_n &:= y_0 + y_8 \\ s2_n &:= y_2 + y_4 + y_6 \\ s4_n &:= y_1 + y_3 + y_5 + y_7 \end{aligned}$$

$$(7.24)$$

Damit wird (7.23)

$$S(h) = \frac{h}{3}\left(s1_n + 4 \cdot s4_n + 2 \cdot s2_n\right)$$

$$(7.25)$$

Der Simpsonnäherungswert für die gröbere, doppelt so grosse Schrittweite $2h$ lautet

$$S(2h) = \frac{2h}{3}\left(y_0 + 4y_2 + 2y_4 + 4y_6 + y_8\right)$$

$$(7.26)$$

oder mit den Funktionswertsummen

$$\begin{aligned} s1_a &:= y_0 + y_8 \\ s2_a &:= y_4 \\ s4_a &:= y_2 + y_6 \end{aligned}$$

$$(7.27)$$

geschrieben

$$S(2h) = \frac{2h}{3}\left(s1_a + 4 \cdot s4_a + 2 \cdot s2_a\right).$$

$$(7.28)$$

Aus den Gleichung (7.24) und (7.27) sehen wir, dass die neuen Funktionswertsummen einfach aus den alten nachgeführt werden können:

$$\begin{aligned} s1_n &:= s1_a \\ s2_n &:= s2_a + s4_a \\ s4_n &:= \text{Summe der neuen Funktionswerte} \end{aligned}$$

$$(7.29)$$

Mit den Gleichungen (7.25) und (7.29) kann man also sukzessive Simpson Näherungswerte berechnen, ohne schon verwendete Funktionswerte neu zu berechnen. Wir erhalten damit den

Algorithmus 7.2

```
function simpson(a,b,eps:real ):real;
var h,s1,s2,s4,ta,tn : real; j,zh : integer;
    (* globale function f *)
begin
```

$$h := (b - a)/2;\ s1 := f(a) + f(b);\ s2 := 0;\ s4 := f(a + h);$$
$$tn := h * (s1 + 4 * s4)/3;\ zh := 2;$$

```
repeat
```

$$ta := tn;\ zh := 2 * zh;\ h := h/2;$$
$$s2 := s2 + s4;\ s4 := 0;$$
$$j := 1;$$

```
    repeat
```

$$s4 := s4 + f(a + j * h);\ j := j + 2$$

```
    until j > zh;
```

$$tn := h * (s1 + 2 * s2 + 4 * s4)/3;$$

```
until abs(tn - ta) <= eps * abs(tn);
```

$$simpson := tn$$

```
end
```

Für das Beispiel 7.1 erhält man hier für $eps = 10^{-4}$ die Werte

i	h_i	$S(h_i)$
0	$\frac{1}{2}$	0.3575167
1	$\frac{1}{4}$	0.3589923
2	$\frac{1}{8}$	0.3591302
3	$\frac{1}{16}$	0.3591402

Aufgabe 7.4 *Man beweise die Fehlerabschätzung (7.21) für die Simpsonregel.*

Aufgabe 7.5 *Man berechne das Integral*

$$I = \int_0^2 (x^3 + 2x^2 + 1)dx$$

a) analytisch   b) mittels Simpsonregel ($h = 1$).
Wie gross ist bei b) der Integrationsfehler ? Welche Regel lässt sich daraus ableiten und warum ?

Aufgabe 7.6 *Wie gross muss die Integrationsschrittweite h sein, damit das Integral*

$$\int_0^{100} \frac{dx}{(1+x)^2}$$

mittels der Simpsonregel bis auf einen Fehler kleiner als 10^{-6} berechnet werden kann ? Man schätze h mittels (7.21) ab und prüfe es durch Integration mit dem Programm simpson nach.

Aufgabe 7.7 *Man berechne mittels Programm simpson das elliptische Integral*

$$A(k,\phi) = \int_0^{\phi} \frac{dx}{\sqrt{1 - k^2 \sin^2 x}}$$

für $k = 0.4$ und $\phi = \frac{\pi}{2}$.

7.3   Das Romberg Verfahren

Das Integral

$$I = \int_a^b f(x)dx \tag{7.30}$$

kann aufgefasst werden als Grenzwert der Trapezsumme $T(h)$

$$\lim_{h \to 0} T(h) = I. \tag{7.31}$$

Genauer formuliert gilt für genügend oft differenzierbare Integranden f eine asymptotische Entwicklung (die *Euler-MacLaurin'sche Summenformel*)

$$T(h) = I + c_1 h^2 + c_2 h^4 + \cdots, \tag{7.32}$$

wobei in den Koeffizienten

$$c_k = \frac{B_{2k}}{(2k!)} \left(f^{(2k-1)}(b) - f^{(2k-1)}(a) \right) \tag{7.33}$$

die *Bernoullizahlen* B_{2k} vorkommen. Diese sind durch die erzeugende Funktion

$$\frac{x}{e^x - 1} = \sum_{k=0}^{\infty} \frac{B_k}{k!} x^k \tag{7.34}$$

definiert. Die Idee der Rombergintegration besteht darin, für verschiedene Schrittweiten

$$h_0, h_1, \ldots, h_n \quad \text{mit} \quad h_{i+1} = \frac{h_i}{2}$$

die Trapezsummen $T(h_i)$ zu berechnen. Anschliessend legt man ein Interpolationspolynom P in der Variabeln $x = h^2$ durch die berechneten Punkte $(h_i^2, T(h_i))$ und hofft, dass das Polynom die asymptotische Entwicklung (7.32) approximiert. Wenn das der Fall ist, ergibt der Wert

$$P(0) \approx I$$

eine gute Näherung für das gesuchte Integral. Da wir uns nur für den Wert des Polynoms P an der festen Stelle $x = 0$ interessieren, ist es am naheliegendsten das *Aitken-Neville Interpolationsschema* (Siehe Kap.6) für die Berechnung von $P(0)$ zu verwenden. Wegen der speziellen Wahl der Schrittweiten und der asymptotischen Entwicklung (es treten nur gerade Potenzen von h auf) vereinfacht sich die Rekursionsformel und es resultiert das *Rombergschema*:

$$\begin{array}{llll}
T_{00} & & & \\
T_{10} & T_{11} & & \\
T_{20} & T_{21} & T_{22} & \\
\vdots & \vdots & \vdots & \ddots
\end{array} \tag{7.35}$$

wobei in der ersten Kolonne die Trapezsummen stehen

$$T_{k0} = T(h_k) \quad \text{für} \quad k = 0, 1, \ldots \tag{7.36}$$

und die übrigen Elemente des Schemas nach der Vorschrift

$$\begin{aligned}
T_{ij} &= \frac{4^{-j} T_{i-1,j-1} - T_{i,j-1}}{4^{-j} - 1} \\
j &= 1, 2, \ldots, i \\
i &= 0, 1, 2, \ldots
\end{aligned} \tag{7.37}$$

berechnet werden. Die Kolonnen, Zeilen und Diagonalen des Rombergschemas (7.35) konvergieren gegen I. In der Regel konvergiert die Hauptdiagonale am schnellsten.

Bei der Programmierung berechnet man das Schema am besten zeilenweise und es genügt, nur die letzte Zeile im Vektor

$$t_i\ t_{i-1} \cdots t_0$$

abzuspeichern. Man erhält so den

Algorithmus 7.3

```
    function romberg(a,b,eps:real ):real;
    var h,s,x,vhj : real; t: array [0..10] of real;
        i,j,zhi : integer;
        (* globale function f *)
    begin
        h := b − a; s := (f(a) + f(b))/2; t[0] := s ∗ h;
        zhi := 1; i := 1;
        repeat
            (* Neue Trapezsumme *)
            zhi := 2 ∗ zhi; h := h/2; j := 1;
            repeat
                s := s + f(a + j ∗ h); j := j + 2
            until j > zhi;
            t[i] := s ∗ h;
            (* Extrapolation *)
            vhj := 1;
            for j := i − 1 downto 0 do
            begin
                vhj := vhj/4;
                x := t[j]; t[j] := (t[j + 1] − vhj ∗ x)/(1 − vhj)
            end;
            i := i + 1;
        until (abs(x − t[0]) ≤ eps ∗ abs(t[0])) or (i > 10);
        romberg := t[0]
    end
```

Als Abbruchkriterium wird die relative Differenz zwischen zwei aufeinanderfolgenden Diagonalelementen des Rombergschemas geprüft. Es wird höchstens 10 mal extrapoliert. Falls bis dahin keine Konvergenz eingetreten ist, muss das Integrationsintervall unterteilt werden oder die asymptotische Entwicklung (7.32) gilt nicht, weil der Integrand f vielleicht nicht genügend oft differenzierbar ist. Für Beispiel 7.1 ergibt sich das Rombergschema:

h	$T(h)$				
1	0.339785229				
$\frac{1}{2}$	0.353083867	0.357516746			
$\frac{1}{4}$	0.357515196	0.358992306	0.359090676		
$\frac{1}{8}$	0.358726477	0.359130238	0.359139433	0.359140207	
$\frac{1}{16}$	0.359036784	0.359140219	0.359140884	0.359140907	0.359140910

Wir erhalten hier eine schöne Konvergenzbeschleunigung: in der 5. Zeile sind beim Trapezwert nur 3 Dezimalstellen richtig, während der extrapolierte Wert in der Diagonalen 8 richtige Dezimalstellen aufweist. Es gilt ferner der

Satz 7.3 *Im Rombergschema stehen in der 2. Kolonne $\{T_{i1}\}$ die Simpson-Werte $S(h_i)$.*

Das Rombergverfahren enthält somit die beiden vorher besprochenen Verfahren. Der Beweis dieses Satzes sei eine Übungsaufgabe.

Aufgabe 7.8 *Man beweise, dass in der zweiten Kolonne des Rombergschemas die entsprechenden Werte der Simpsonregel stehen.*

Aufgabe 7.9 *Man berechne mit dem Algorithmus romberg das Integral*

$$I = \int_2^5 \frac{e^x}{x} dx$$

und drucke das ganze Rombergschema aus.

Aufgabe 7.10 *Man berechne mit dem Verfahren von Romberg das Integral*

$$I = \int_0^\pi \frac{dx}{1 + \sin^2 x}.$$

Man drucke das ganze Rombergschema und beobachte, dass die Trapezwerte am schnellsten konvergieren. Warum ?

7.4 Adaptive Quadratur

Die bisher besprochenen Verfahren haben einige Nachteile. Die Algorithmen *trapez* und *simpson* berücksichtigen mit der konstanten Integrationsschrittweite h den Verlauf des Integranden f nicht. Die Schrittweite wird einfach bestimmt durch die erforderliche Schrittweite im Intervall $[a, b]$, wo f am stärksten ändert. Variiert f in einem Teil des Intervalls sehr und verläuft im anderen ruhig, so sollte es möglich sein, für eine gewisse Genauigkeit im ersten Teil mit einer kleinen und im zweiten mit einer grösseren Schrittweite zu integrieren. Dadurch kann der Rechenaufwand beträchtlich gesenkt werden. Das Romberg-verfahren extrapoliert aus Näherungen mit relativ grober Schrittweite einen genauen Wert. Dies funktioniert aber nur, wenn f im ganzen Intervall $[a, b]$ genügend oft stetig differenzierbar ist und die asymptotische Entwicklung (7.32) gilt. Das folgenden Beispiel illustriert die Schwächen dieser Verfahren:

Beispiel 7.2 *Wir betrachten das Integral*

$$I = \int_0^1 \sqrt{x}\, dx = \frac{2}{3} = 0.66666\ldots$$

Das Rombergverfahren kann nicht funktionieren, denn die erste Ableitung des Integranden $f(x) = \sqrt{x}$ hat einen Pol im Intervall. Wenn wir das Integral mit der Trapezregel und $eps = 10^{-5}$ integrieren, erhalten wir die Werte

h	$T(h)$
1	0.500000000
2^{-1}	0.603553391
2^{-2}	0.643283046
2^{-3}	0.658130222
2^{-4}	0.663581197
2^{-5}	0.665558936
2^{-6}	0.666270811
2^{-7}	0.666525657
2^{-8}	0.666616549
2^{-9}	0.666648882
2^{-10}	0.666660362

Wir benötigen also mit dem Algorithmus *trapez* eine Schrittweite $h = 2^{-10} \approx 10^{-3}$. Wenn wir den Integrationsfehler für das zweite Teilintervall $[10^{-3}, 2 \cdot 10^{-3}]$ mittels (7.5) abschätzen, ergibt sich

$$|I - T(h)| = \frac{|f''(\xi)|}{12} h^3 \leq 6.5 \cdot 10^{-7}.$$

Schon für das zweite Teilintervall ist die Schrittweite also zu klein, noch krasser wird es für das letzte Intervall $[0.999, 1]$, wo die Fehlerabschätzung den Wert $1.94 \cdot 10^{-11}$ ergibt. Die Schrittweite h wird also bei diesem Beispiel nur durch das Verhalten von f im *ersten* Intervall bestimmt. Wie gross könnte das letzte Intervall für $eps = 10^{-5}$ sein ? Dazu müssen wir die Gleichung

$$\frac{(1 - h)^{-\frac{3}{2}} h^3}{48} = 10^{-5}$$

lösen. Man erhält $h = 0.075$, wir könnten also dort eine ca. 70 mal grössere Schrittweite wählen.

Wir wollen nun ein Integrationsverfahren entwickeln, welches mit variabler Schrittweite arbeitet und welches die erwähnten Nachteile nicht besitzt.

Definition 7.1 *Ein* adaptives Quadraturverfahren *ist ein numerisches Integrationsverfahren, das die Integrationsschrittweite h automatisch dem gegebenen Funktionsverlauf des Integranden anpasst.*

Die Grundidee eines adaptiven Verfahrens ist einfach: Man berechnet das gegebene Integral

$$I = \int_a^b f(x)dx \tag{7.38}$$

mittels zweier verschiedener Methoden und erhält dabei zwei Näherungswerte. Falls die beiden Näherungswerte auf eine gewünschte Genauigkeit übereinstimmen, ist man fertig. Sonst wird das Integrationsintervall unterteilt und jedes Teilintervall wird unabhängig berechnet

$$\int_a^b f(x)dx = \int_a^m f(x)dx + \int_m^b f(x)dx \quad \text{mit} \quad m = \frac{a+b}{2}.$$

Die Grundidee kann relativ einfach programmiert werden, wenn die
Programmiersprache *rekursives Programmieren* ermöglicht. Die ganze
Prozedur sieht dann grob so aus:

```
function int(a,b:real):real;
var i1, i2: real;
begin
    i1 := ...  ⎫
    i2 := ...  ⎭   2 Näherungswerte für   ∫ₐᵇ f(x)dx
    if abs(i1 − i2) < abs(i1) * ε then int := i2
    else
        int := int(a,(a + b)/2) + int((a + b)/2,b)
end
```

Wir wollen uns jetzt überlegen, wie man am einfachsten die beiden
Näherungswerte $i1$ und $i2$ berechnet und als zweites das Abbruchkriterium verbessert.

Wir wählen für $i1$ den Simpsonnäherungswert für $h = (b - a)/2$
und für $i2$ den Simpsonwert für die halbe Schrittweite $h = (b - a)/4$.
Nun ist es aber so, dass man aus diesen beiden Werten nach dem
Rombergverfahren einen besseren Wert praktisch ohne zusätzliche Ko-
sten extrapolieren kann. Also ist es sinnvoll, $i1$ durch diesen Wert zu
ersetzen:

$$h := (b - a)/2;$$
$$i1 := S(h); \quad i2 := S(\frac{h}{2});$$
$$i1 := \frac{16 * i2 - i1}{15}$$

Schwieriger ist die Frage des richtigen Abbruchkriteriums. Das kon-
ventionelle Kriterium

$$\text{abbrechen, wenn} \quad |i1 - i2| < \varepsilon|i2| \tag{7.39}$$

geht nicht immer, denn wenn wir die Funktion $f(x) = \sqrt{x}$ von $a = 0$
bis $b = 1$ integrieren und für $i1$ und $i2$ die Simpsonwerte $S(h)$ und
$S(\frac{h}{2})$ wählen, erhalten wir für $\varepsilon = 10^{-4}$ eine unendliche Schleife: die
beiden Simpsonwerte stimmen hier nie auf 4 Dezimalstellen überein.
Der Unterteilungsprozess muss beendet werden, wenn das *Teilintegral*

gegenüber den Gesamtintegral vernachlässigbar klein ist. Das Abbruchkriterium muss also durch die zusätzliche Bedingung

$$abs(i2) < \eta \left| \int\limits_a^b f(x)dx \right| \tag{7.40}$$

erweitert werden. Dabei müssen wir für das unbekannte Integral einen
Schätzwert is verwenden. Bei vernüftiger Wahl von ε und η kann
man mit (7.39) und (7.40) ein funktionierendes Programm für adaptive
Quadratur schreiben. Es kann aber nicht recht befriedigen, weil die
Wahl von ε und η maschinen- und problemabhängig ist. Zudem ist
(7.39) viel zu genau, es genügt, wenn die Differenz der Näherungswerte
nur klein gegenüber dem Schätzwert für das gesamte Integral ist:

$$abs(i1 - i2) < \varepsilon * abs(is). \tag{7.41}$$

Anstatt abzubrechen, wenn

$$abs(i2) < \eta * abs(is) \tag{7.42}$$

ist, was dem Kriterium (7.40) entspricht, brechen wir maschinenunabhängig ab, wenn numerisch

$$is + i2 = is \tag{7.43}$$

gilt. Um auch das ε loszuwerden, kann man das Kriterium (7.41)
ersetzen durch

$$is + (i1 - i2) = is \tag{7.44}$$

Das Kriterium (7.44) verhindert aber auch das Weiterrechnen, wenn $i1$
und $i2$ vernachlässigbar klein werden gegenüber is. Also brauchen wir
das Kriterium (7.43) nicht mehr und erhalten als Abbruchkriterium

$$\textbf{if} \quad is + i1 = is + i2 \quad \textbf{then} \text{ abbrechen} \tag{7.45}$$

Für is kann ein grober Näherungswert ungleich 0 gewählt werden,
es genügt, etwa die richtige Grössenordnung der Integrals zu schätzen.
Man kann sich mit dem groben Simpsonwert

$$S(h) = \frac{b-a}{6} \left(f(a) + 4f(\frac{a+b}{2}) + f(b) \right) \tag{7.46}$$

begnügen, wenn er nicht zufällig 0 ist. Um das Verschwinden zu verhindern, kann man $S(h)$ mit der Rechtecksfläche $(b - a) \times 1$ mitteln, also

$$|is| = \frac{|S(h)| + b - a}{2} \qquad (7.47)$$

wählen. Mit dem Kriterium (7.45) wird dann das Integral bis auf Maschinengenauigkeit berechnet.

Um Rechenaufwand zu sparen, muss man verhindern, dass bei der Intervallunterteilung schon berechnete Funktionswerte neu berechnet werden. Dies kann dadurch geschehen, dass man die schon berechneten Funktionswerte als Parameter der nächsten Rekursionsstufe übergibt. Im nachfolgenden Programm werden die Funktionswerte

$$fa = f(a), \quad fb = f(b) \quad \text{und} \quad fm = f(\frac{a + b}{2})$$

weitergegeben. Dadurch wird kein Funktionswert doppelt berechnet.

Algorithmus 7.4
function $adapt(a,b,fa,fm,fb,is{:}real\,){:}real;$
var $h,m,i1,i2,fml,fmr\,:\,real;$
    $(* \; globale \; \textbf{function} \; f \; *)$
begin
    $m := (a + b)/2; h := (b - a)/4;$
    $fml := f(a + h); fmr := f(b - h);$
    $i1 := h/1.5 * (fa + 4 * fm + fb);$
    $i2 := h/3 * (fa + 4 * (fml + fmr) + 2 * fm + fb);$
    $i1 := (16 * i2 - i1)/15;$
    if $is + i1 = is + i2$ **then** $adapt := i1$
    else
        $adapt := adapt(a, m, fa, fml, fm, is, f)$
                $+ adapt(m, b, fm, fmr, fb, is, f)$
end

Pro Rekursionsstufe werden nur die beiden neuen Funktionswerte $fml = $ 'f mitte links' und $fmr = $ 'f mitte rechts' berechnet und bei der Unterteilung weitergegeben.

Wie schon erwähnt berechnet $adapt$ mit der Wahl von is nach (7.47) das Integral bis auf Maschinengenauigkeit. Dies funktioniert gut für

Computer mit ca. 7 Dezimalstellen Genauigkeit. Bei mehr Mantissenstellen, also etwa 12, ist die zugrundeliegende Simpsonintegration zu wenig genau und man muss sehr kleine Integrationsschritte in Kauf nehmen. Bezeichnet *macheps* die Maschinengenauigkeit und *eps* die gewünschte Genauigkeit des Resultats (wobei $eps \geq macheps$ ist), so kann man als Schätzwert

$$is := sign(S(h)) \frac{|S(h)| + b - a}{2} \frac{eps}{macheps} \tag{7.48}$$

verwenden. *is* stellt hier nicht mehr einen Schätzwert für I dar, sondern bewirkt lediglich, dass die beiden Näherungswerte für den Abbruch der Rekursion weniger genau übereinstimmen müssen (7.45).

Als Beispiel berechnen wir das Integral $I = \int_0^1 \sqrt{x}\,dx = 0.666\ldots$ mit *adapt*. Damit die Wahl der Integrationsschrittweite ersichtlich ist, wurden jeweils vor der Zuweisung *adapt* := *i1* die Werte a, $b - a$ und *i1* ausgedruckt. Es ergibt sich dann für $eps = 10^{-6}$

Intervallanfang	Länge	Teilintegral
0.00000	$1.9531250000E{-}03$	$5.6775409491E{-}05$
0.00195	$1.9531250000E{-}03$	$1.0521583752E{-}04$
0.00391	$3.9062500000E{-}03$	$2.9759532880E{-}04$
0.00781	$7.8125000000E{-}03$	$8.4172670018E{-}04$
0.01563	$1.5625000000E{-}02$	$2.3807626304E{-}03$
0.03125	$3.1250000000E{-}02$	$6.7338136015E{-}03$
0.06250	$6.2500000000E{-}02$	$1.9046101043E{-}02$
0.12500	$6.2500000000E{-}02$	$2.4663804374E{-}02$
0.18750	$6.2500000000E{-}02$	$2.9206745472E{-}02$
0.25000	$1.2500000000E{-}01$	$6.9759773292E{-}02$
0.37500	$1.2500000000E{-}01$	$8.2609151119E{-}02$
0.50000	$2.5000000000E{-}01$	$1.9731043499E{-}01$
0.75000	$2.5000000000E{-}01$	$2.3365396378E{-}01$

Als Integralwert ergibt sich $I = 0.66666586358$ (Summe aller Teilintegrale) und die Anzahl der Funktionsauswertungen ist 53. Man sieht deutlich, wie die Schrittweite im Verlauf der Integration vergrössert werden kann von anfänglich 0.001953125 bis 0.25.

Aufgabe 7.11 *Man berechne mittels adapt $\int_0^\pi \sqrt{1 + \cos^2 x}\, dx$ und vergleiche die Anzahl Funktionsauswertungen mit derjenigen von trapez (Integration einer periodischen Funktion !).*

Aufgabe 7.12 *Wenn ein Integrand einen Pol im Integrationsintervall hat und das Integral existiert, kann man durch* Ignorieren des Pols *das Integral berechnen. Als Beispiel berechne man*

$$I = \int_0^1 \frac{e^x}{\sqrt{x}}\, dx$$

indem für $x = 0$ der Funktionswert des Integranden einfach 0 gesetzt wird.

Aufgabe 7.13 *Man kann mittels adapt auch unstetige Funktionen integrieren. Als Beispiel dazu berechne man $\int_0^5 f(x)dx$, wobei $f(x)$ durch Figur 7.2 gegeben ist.*

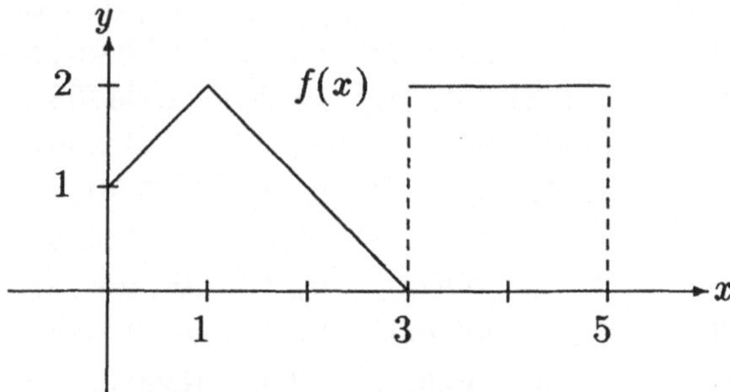

Figur 7.2: unstetige Funktion

Aufgabe 7.14 *Man löse die Gleichung*

$$f(x) = \int_0^1 e^{xt^2}\, dt - 2 = 0$$

mit dem Newtonverfahren. Man berechne f und f' mittels adapt.

Aufgabe 7.15 *Berechnung von uneigentlichen Integralen. Wenn das Integrationsintervall unendlich ist, kann man durch eine geeignete Variabelnsubstitution, etwa*

$$t = \frac{1}{x}, \quad t = \frac{1}{x+1} \quad oder \quad t = e^{-x}$$

das Integral auf eines mit endlichen Grenzen zurückführen. Treten im Integrationsintervall Pole auf, so sind diese zu ignorieren, d.h. man setzt dort den Funktionswert einfach gleich null.
Man berechne mittels dieser Technik die Integrale

$$a) \quad \int_0^\infty \frac{x}{e^x + 1}dx \qquad b) \quad \int_0^\infty \frac{\arctan x}{(x+1)^2}dx$$

$$c) \quad \int_0^\infty \frac{x^3 + 1}{1 + x^2 + x^5}dx \quad d) \quad \int_1^\infty \frac{1}{x}e^{-\frac{x}{2}}dx$$

7.5 Differentialgleichungen

Im folgenden befassen wir uns mit numerischen Verfahren, um das *Anfangswertproblem*

$$y' = f(x,y), \quad y(x_0) = y_0 \tag{7.49}$$

zu lösen. Man sucht eine Funktion $y(x)$, welche die (eventuell nicht-lineare) *Differentialgleichung* (7.49) unter der gegebenen *Anfangsbedingung* erfüllt. Im Gegensatz zu analytischen Lösungsverfahren kann man mit numerischen Verfahren nicht die *allgemeine Lösung* bestimmen, bei der eine beliebig wählbare Integrationskonstante auftritt. Man erhält mit numerischen Verfahren immer *spezielle Lösungen*, d.h. eine Lösung, bei der die Integrationskonstante durch eine Anfangsbedingung festgelegt wurde. Bis auf wenige Ausnahmen sind Differentialgleichungen nicht analytisch lösbar. Man ist daher bei praktischen Problemen auf die numerischen Lösungsverfahren angewiesen.

Die im folgenden besprochenen Verfahren lassen sich leicht für *Systeme von Differentialgleichungen erster Ordnung* anwenden:

$$\mathbf{y}' = \mathbf{f}(x,\mathbf{y}), \quad \mathbf{y}(x_0) = \mathbf{y}_0 \tag{7.50}$$

Hier werden n Funktionen

$$\mathbf{y}(x) = \begin{pmatrix} y_1(x) \\ y_2(x) \\ \vdots \\ y_n(x) \end{pmatrix}$$

gesucht, welche miteinander durch die Differentialgleichung (7.50) verknüpft sind:

$$\mathbf{f}(x, \mathbf{y}) = \begin{pmatrix} f_1(x, \mathbf{y}) \\ f_2(x, \mathbf{y}) \\ \vdots \\ f_n(x, \mathbf{y}) \end{pmatrix}$$

Die i-te Komponente des Vektors $\mathbf{f}$ ist eine (nichtlineare) Funktion der Variabeln x und y_j, $j = 1, \ldots, n$. Das Differentialgleichungssystem (7.50) lautet damit in Komponentenschreibweise

$$\begin{aligned}
y_1'(x) &= f_1(x, y_1(x), \ldots, y_n(x)) \\
y_2'(x) &= f_2(x, y_1(x), \ldots, y_n(x)) \\
\vdots \quad &\quad \vdots \qquad\qquad \vdots \\
y_n'(x) &= f_n(x, y_1(x), \ldots, y_n(x))
\end{aligned} \tag{7.51}$$

Bei der Beschreibung der numerischen Verfahren kann man sich auf die Differentiagleichung (7.49) beschränken, denn jede Differentialgleichung höherer Ordnung und jedes System von Differentialgleichungen wird durch Einführung von neuen unbekannten Funktionen auf ein *System erster Ordnung zurückgeführt* (7.50). Ist ein Verfahren für Gleichung (7.49) definiert, so kann es leicht auf Gleichung (7.50) angewandt werden, indem y und y' durch $\mathbf{y}$ und $\mathbf{y}'$ ersetzt werden. Wir beschreiben das Zurückführen auf ein System erster Ordnung in einem 'Rezept' und an zwei Beispielen.

Rezept für das Zurückführen auf ein System erster Ordnung

1. Das System (oder die Diffferentialgleichung) nach den höchsten vorkommenden Ableitungen der unbekannten Funktionen auflösen.

2. Neue Funktionen für die unbekannten Funktionen und deren Ableitungen bis Ordnung der höchsten Ableitung minus 1 einführen.

3. Das System erster Ordnung durch Ersetzen der höheren Ableitungen durch die neuen Funktionen aufstellen.

Beispiel 7.3 *Wir betrachten die Differentialgleichung*

$$y''' + 5y'' + 8y' + 6y = 10e^{-x} \qquad (7.52)$$

mit der Anfangsbedingung

$$y(0) = 2, \quad y'(0) = y''(0) = 0.$$

Im ersten Schritt des Rezeptes lösen wir die Gleichung (7.52) nach y''' auf:

$$y''' = -5y'' - 8y' - 6y + 10e^{-x}.$$

Danach führen wir neue Funktionen bis zur zweiten Ableitung von y ein:

$$\begin{aligned}
z_1(x) &= y(x) \\
z_2(x) &= y'(x) \\
z_3(x) &= y''(x)
\end{aligned} \qquad (7.53)$$

Im dritten Schritt schliesslich leiten wir die neuen Funktionen (7.53) ab und setzen die Differentialgleichung ein:

$$\begin{aligned}
z_1'(x) &= y'(x) &&= z_2(x) \\
z_2'(x) &= y''(x) &&= z_3(x) \\
z_3'(x) &= y'''(x) &&= -5y'' - 8y' - 6y + 10e^{-x} \\
& && = -5z_3(x) - 8z_2(x) - 6z_1(x) + 10e^{-x}
\end{aligned} \qquad (7.54)$$

Die Gleichungen (7.54) kann man in Matrixschreibweise als

$$\mathbf{z}' = \mathbf{A}\mathbf{z} + \mathbf{b} \qquad (7.55)$$

schreiben, wobei

$$\mathbf{A} = \begin{pmatrix} 0 & 1 & 0 \\ 0 & 0 & 1 \\ -6 & -8 & -5 \end{pmatrix} \quad \mathbf{b} = \begin{pmatrix} 0 \\ 0 \\ 10e^{-x} \end{pmatrix}$$

Die Differentialgleichung (7.52) ist *linear, inhomogen mit konstanten Koeffizienten.* Lineare Differentialgleichungen kann man immer auf Systeme der Form (7.55) zurückführen, wobei die Matrix **A** von x abhängt, wenn die Differentialgleichung nicht konstante Koeffizienten hat.

Beispiel 7.4 *Wir betrachten die Bahn eines Satelliten im Gravitationsfeld der Erde (siehe Figur 7.3). Wenn M die Masse der Erde und*

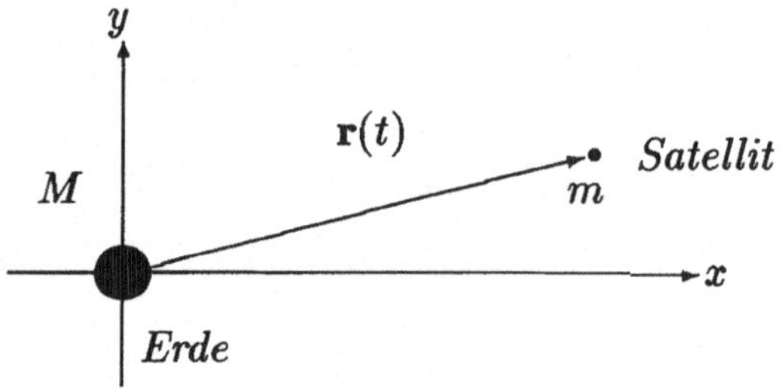

Figur 7.3: Satellitenbahn

m jene des Satelliten bezeichnet, so gilt nach dem Newton'schen Gesetz für die Satellitenbahn die Differentialgleichung

$$m\mathbf{r}''(t) = -\gamma \frac{mM}{r^2} \frac{\mathbf{r}}{r} \tag{7.56}$$

dabei ist γ die Gravitationskonstante und $r = \|\mathbf{r}\|$. Bei der vorliegenden ebenen Bahn hat der Vektor $\mathbf{r}$ zwei Komponenten

$$\mathbf{r} = \begin{pmatrix} x(t) \\ y(t) \end{pmatrix}.$$

Wir führen nun das System zweiter Ordnung (7.56) nach dem Rezept auf ein System erster Ordnung zurück.

Im ersten Schritt lösen wir es nach den höchsten vorkommenden

Ableitungen auf:

$$x''(t) = -\frac{cx(t)}{\left(\sqrt{x(t)^2 + y(t)^2}\right)^3}$$
$$y''(t) = -\frac{cy(t)}{\left(\sqrt{x(t)^2 + y(t)^2}\right)^3} \tag{7.57}$$

Dabei wurde $c = \gamma M$ gesetzt. Nun führen wir die neuen Funktionen ein

$$\begin{aligned}
y_1(t) &= x(t) \\
y_2(t) &= x'(t) \\
y_3(t) &= y(t) \\
y_4(t) &= y'(t)
\end{aligned} \tag{7.58}$$

Differenzieren wir nun die y_i und benützen (7.57), so ergibt sich

$$\begin{aligned}
y_1' &= f_1(t, \mathbf{y}) = y_2 \\
y_2' &= f_2(t, \mathbf{y}) = -cy_1 / \left(\sqrt{y_1^2 + y_3^2}\right)^3 \\
y_3' &= f_3(t, \mathbf{y}) = y_4 \\
y_4' &= f_4(t, \mathbf{y}) = -cy_3 / \left(\sqrt{y_1^2 + y_3^2}\right)^3
\end{aligned} \tag{7.59}$$

ein System erster Ordnung, das nicht in der Form (7.55) geschrieben werden kann, weil es nichtlinear ist.

Aufgabe 7.16 *Man führe die folgenden linearen Differentialgleichungen*

a) $y^{(4)} + 1.1y''' - 0.1y'' + y' - 0.3y = \sin x + 5$
   $y(0) = y''(0) = y'''(0) = 0, \quad y'(0) = 2$

b) $x^2 y'' + xy' + (x^2 - n^2)y = 0$
   $y(1) = y'(1) = 2$
   (n ist ein Parameter)

auf ein System erster Ordnung zurück.

Aufgabe 7.17 *Man führe die Differentialgleichung*

$$y'' - \frac{1 - y^2}{10} y' + y = 0 \quad \text{Van der Pol Dgl.}$$

mit der Anfangsbedingung $y(0) = 1$ und $y'(0) = 0$ auf ein System erster Ordnung zurück.

Aufgabe 7.18 *Man führe das folgende System von Differentialgleichungen für die gesuchten Funktionen $r(t)$ und $\Theta(t)$*

$$\begin{aligned}
r'' - r\Theta^2 &= -\frac{2}{r^2} \\
r\Theta'' + 2r'\Theta' &= 0
\end{aligned}$$

auf ein System erster Ordnung zurück:

Aufgabe 7.19 *Die Differentialgleichung des Pendels lautet*

$$\varphi'' + \frac{g}{l} \sin \varphi = 0$$

dabei ist φ der Auslenkwinkel, g die Erdbeschleunigung und l die Fadenlänge. In der Physik ersetzt man für 'kleine Schwingungen' den $\sin \varphi$ durch φ:

$$\varphi'' + \frac{g}{l} \varphi = 0.$$

Wenn man den Luftwiderstand berücksichtigt (proportional der Geschwindigkeit φ'), so ergibt sich

$$\varphi'' + a\varphi' + \frac{g}{l} \sin \varphi = 0$$

Man führe alle drei Modelle auf Systeme erster Ordnung zurück.

7.6   Die Verfahren von Euler und Heun

Die skalare Differentialgleichung $y' = f(x, y)$ ordnet jedem Punkt der xy-Ebene eine *Richtung* y' zu. Wenn wir ein Gitter auf die Ebene legen und in jedem Punkt die Richtung berechnen und aufzeichnen,

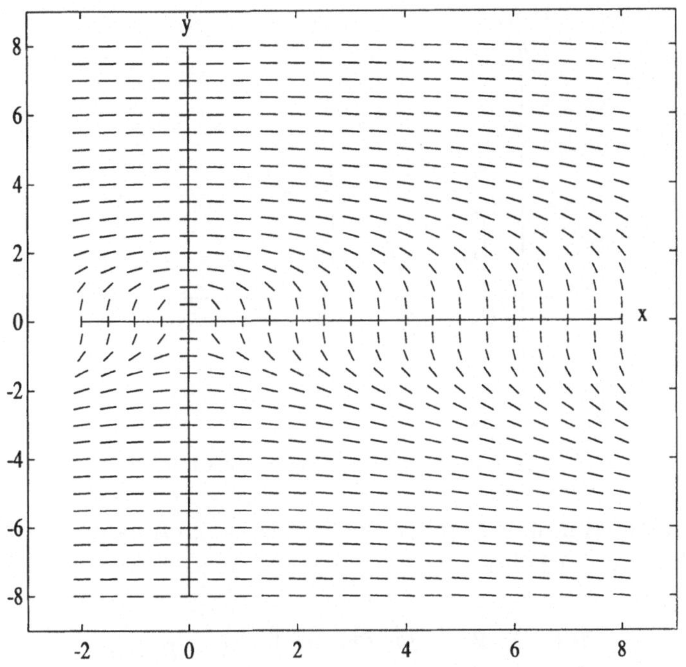

Figur 7.4: Richtungsfeld

so erhalten wir das *Richtungsfeld* (für die Differentialgleichung $y' = -x/y^2$ siehe Figur 7.4).

Eine Funktion $y = y(x)$ ist offenbar genau dann Lösung der Differentialgleichung, wenn ihr Graph *Feldlinie* des Richtungsfeldes ist, d.h. wenn in jedem ihrer Punkte die Tangentensteigung gleich der Steigung des Richtungsfeldes ist. Durch die Anfangsbedingung $y(x_0) = y_0$ wird eine bestimmte Kurve aus der Kurvenschar festgelegt.

Das Verfahren von *Euler-Cauchy* approximiert die gesuchte Funktion durch ein Näherungspolygon, indem jeweils von einem Punkt aus ein kleiner Schritt in Richtung der Tangente der Feldlinie gemacht wird (Siehe Figur 7.5). Ausgehend vom Punkt (x_0, y_0) , der durch

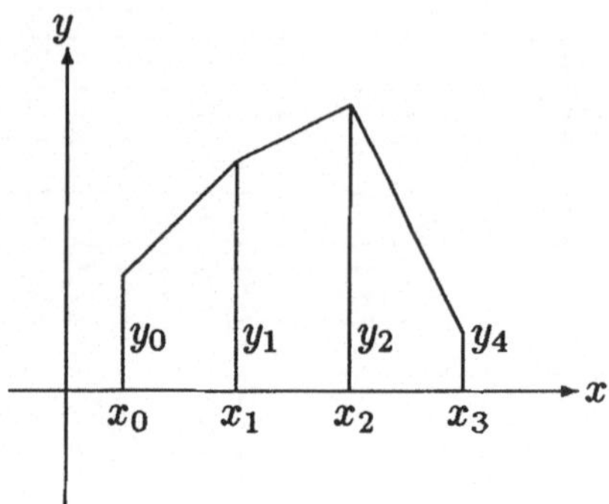

Figur 7.5: Verfahren von Euler-Cauchy

die Anfangsbedingung gegeben ist, berechnet man beim Verfahren von Euler-Cauchy die Folge

$$\left.\begin{array}{l} y_{k+1} = y_k + hf(x_k, y_k) \\ x_{k+1} = x_k + h \end{array}\right\} \quad k = 0, 1, 2, \ldots \qquad (7.60)$$

Es ist dann y_k eine (schlechte) Näherung für $y(x_k)$.

Beispiel 7.5 *Die Differentialgleichung $y' = y$ mit der Anfangsbedingung $y(0) = 1$ hat die Lösung $y(x) = e^x$. Insbesondere erhält man für $x = 1$ den Wert $y(1) = e$. Wenn man das Euler-Cauchyverfahren auf die Differentialgleichung anwendet, erhält man die Folge:*

$$y_{k+1} = y_k + hy_k = (1 + h)y_k = (1 + h)^{k+1} y_0.$$

Wählt man $h = \frac{1}{n}$ und führt n Integrationsschritte aus, so wird

$$y_n = \left(1 + \frac{1}{n}\right)^n \approx y(1) = e.$$

Bekanntlich konvergiert für $n \to \infty \Longleftrightarrow h \to 0$, y_n gegen den richtigen Wert e, jedoch ist hier y_n immer zu klein.

Man kann versuchen, den Polygonzug etwas besser an die gesuchte Funktion anzupassen, indem vorausgeschaut wird, wie die Steigung in der Nähe des neuen Punktes aussieht. Dies ist die Idee beim Verfahren von Heun. Man führt hier einen Eulerschritt

$$y^* = y_k + hf(x_k, y_k)$$

aus, berechnet im neuen Punkt (x_{k+1}, y^*) die Steigung und mittelt diese mit der Steigung im Punkte (x_k, y_k). Danach führt man einen Integrationsschritt mit dieser gemittelten Steigung durch und hofft, dadurch näher bei der gesuchten Funktion zu sein. Man erhält damit das *Verfahren von Heun*:

$$\begin{aligned}
x_{k+1} &= x_k + h \\
y^* &= y_k + hf(x_k, y_k) \\
y_{k+1} &= y_k + h\tfrac{1}{2}\left(f(x_k, y_k) + f(x_{k+1}, y^*)\right) \\
k &= 0, 1, 2, \ldots
\end{aligned} \tag{7.61}$$

Beispiel 7.6 *Wir integrieren mit Euler-Cauchy und der Methode von Heun die Differentialgleichung*

$$y' = y, \quad y(0) = 1.$$

Man erhält die folgenden Werte:

x	Euler $h = 0.02$	$h = 0.01$	Heun $h = 0.02$	$h = 0.01$	exakt e^x
0.1	1.1040808	1.1046221	1.1051637	1.1051691	1.1051709
0.2	1.2189944	1.2201900	1.2213867	1.2213987	1.2214028
0.3	1.3458683	1.3478489	1.3498322	1.3498521	1.3498588
0.4	1.4859474	1.4888637	1.4917855	1.4918148	1.4918247
0.5	1.6406060	1.6446318	1.6486671	1.6487076	1.6487213
0.6	1.8113616	1.8166967	1.8220470	1.8221007	1.8221188
0.7	1.9998896	2.0067634	2.0136601	2.0137294	2.0137527
0.8	2.2080397	2.2167152	2.2254240	2.2255115	2.2255409
0.9	2.4378542	2.4486327	2.4594577	2.4595665	2.4596031
1.0	2.6915880	2.7048138	2.7181033	2.7182369	2.7182818

Wir fragen uns, um wieviel der Fehler abnimmt, wenn man bei den Verfahren von Euler und Heun die Schrittweite h halbiert. Wir lesen dazu aus der Tabelle von Beispiel 7.6 die Werte für $x = 1$ ab. Für Euler erhalten wir

$$h \quad = 0.02 \qquad d_h \quad = 2.6915880 - 2.7182818 = -0.0266938$$
$$h/2 = 0.01 \qquad d_{h/2} = 2.7048138 - 2.7182818 = \;-0.013468$$

$$\Longrightarrow \frac{d_{h/2}}{d_h} = 0.5045 \quad \text{also} \quad d_{h/2} \sim \frac{1}{2} d_h$$

Bei Halbierung der Schrittweite scheint also der Fehler bei Euler auch halbiert zu werden. Für das Heunverfahren erhält man analog

$$\frac{d_{h/2}}{d_h} = 0.2518 \quad \text{also} \quad d_{h/2} \sim \frac{1}{4} d_h$$

also wird hier der Fehler auf den vierten Teil reduziert. Wir wollen im nächsten Abschnitt den Fehler noch etwas genauer studieren.

Aufgabe 7.20 *Gegeben ist die Differentialgleichung*

$$y'(x) = 1 + xy^2(x), \quad y(0) = -8$$

Man berechne $y(0.2)$ durch Integration nach Heun. Man führe 2 Schritte mit $h = 0.1$ durch.

Aufgabe 7.21 *Man integriere die Differentialgleichung*

$$y'' - y' + 4x^2 y = 0 \quad mit \quad y(1) = 1, y'(1) = -1$$

nach der Methode von Euler-Cauchy. Man führe einen Schritt der Länge $h = 0.2$ durch.

Aufgabe 7.22 *Man schreibe ein Programm, um Systeme von Differentialgleichungen erster Ordnung nach der Methode von Heun zu integrieren. Als Testbeispiel wähle man die Differentialgleichung*

$$xy'' - y' + 4x^3 y = 0$$

welche die allgemeine Lösung

$$y(x) = A\sin(x^2) + B\cos(x^2)$$

mit beliebigen Integrationskonstanten A und B hat. Man integriere die Differentialgleichung unter der Anfangsbedingung

$$y(1) = 1, \quad y'(1) = 0$$

für x im Intervall $[1,5]$.

7.7 Die Fehlerordnung eines Verfahrens

Die Differentialgleichung $y' = f(x,y)$ mit der Anfangsbedingung $y(x_0) = y_0$ habe die exakte Lösung $y(x)$. Wir integrieren die Differentialgleichung mit einem numerischen Verfahren und betrachten den Wert y_1, den man nach einem Schritt mit Schrittweite h erhält. Es ist y_1 eine Näherung für $y(x_0 + h)$:

$$y_1 \approx y(x_0 + h) = y(x_1)$$

Definition 7.2 *Der Fehler nach einem Integrationsschritt*

$$d_1(h) = y_1 - y(x_1)$$

heisst lokaler Diskretisationsfehler .

Der lokale Diskretisationsfehler $d_1(h)$ ist eine Funktion von h und es gilt offensichtlich $d_1(0) = 0$, weil das numerische Verfahren mit derselben Anfangsbedingung startet. In der MacLaurin Reihe von $d_1(h)$ fehlt somit das konstante Glied:

$$d_1(h) = c_1 h^{p+1} + c_2 h^{p+2} + \ldots \tag{7.62}$$

dabei ist $p \geq 0$ und hängt vom numerischen Verfahren ab.

Definition 7.3 *Man nennt p die* Fehlerordnung *des Verfahrens.*

Wir wollen die Fehlerordnung des Euler-Cauchyverfahrens berechnen. Hier ist

$$d_1(h) = y_0 + h f(x_0, y_0) - y(x_0 + h). \tag{7.63}$$

Wegen der Anfangsbedingung $y(x_0) = y_0$ ist $f(x_0, y_0) = y'(x_0)$. Entwickeln wir $y(x_0 + h)$ in die MacLaurinreihe

$$y(x_0 + h) = y(x_0) + \frac{y'(x_0)}{1!} h + \frac{y''(x_0)}{2!} h^2 + \dots$$

und setzen in (7.63) ein, so ergibt sich

$$d_1(h) = -\frac{y''(x_0)}{2!} h^2 - \frac{y'''(x_0)}{3!} h^3 - \dots \tag{7.64}$$

und durch Vergleich mit (7.62) sieht man, dass $p = 1$ ist, d.h. *das Eulerverfahren hat die Fehlerordnung* 1.

Was bedeutet die Fehlerordnung eines Vefahrens praktisch ? Sei p die Ordnung eines Verfahrens. Wenn wir einen Integrationsschritt der Länge h durchführen, so gilt für den Fehler an der Stelle $x = x_0 + h$

$$y_1 - y(x_0 + h) \sim h^{p+1}. \tag{7.65}$$

Integriert man mit der halben Schrittweite, so ist

$$y_{1/2} - y(x_0 + \frac{h}{2}) \sim \left(\frac{h}{2}\right)^{p+1}$$

der Fehler für $x = x_0 + \frac{h}{2}$. Relativ zum Schritt wird im ersten Fall der Fehler

$$\frac{y_1 - y(x_0 + h)}{h} \sim h^p$$

und im zweiten

$$\frac{y_1 - y(x_0 + \frac{h}{2})}{h/2} \sim \left(\frac{h}{2}\right)^p = \frac{1}{2^p} h^p$$

gemacht. Also gilt die Faustregel:

> Bei einem Verfahren mit Fehlerordnung p nimmt bei der Halbierung der Schrittweite h der Diskretisationsfehler ungefähr mit dem Faktor 2^{-p} ab.

Diese Faustregel kann natürlich aus verschiedenen Gründen nicht genau stimmen : wir betrachten nur den lokalen anstatt den *globalen* Diskretisationsfehler, die Gleichung (7.65) gilt nur asymptotisch und ferner lassen wir die Rundungsfehler unberücksichtigt. Dennoch kann man aus Beispiel 7.6 sehen, dass bei Euler der Fehler halbiert wird und bei Heun die Fehlerornung $p = 2$ sein muss. Der Beweis dazu sei eine Übungsaufgabe.

Aufgabe 7.23 *Ein numerisches Verfahren liefert für $x = 1$ folgende Werte für die Lösung $y(x)$ einer Differentialgleichung:*

$$h = 0.04 \qquad y(1) = 0.30151340$$
$$h = 0.02 \qquad y(1) = 0.30145185$$

Der exakte Wert beträgt $y(1) = 0.30145781$. Welche Fehlerordnung hat das Verfahren wahrscheinlich ?

Aufgabe 7.24 *Man beweise, dass das Verfahren von Heun die Fehlerordnung $p = 2$ hat. Hinweis: Man benötigt die Taylorentwicklung einer Funktion von zwei Variabeln.*

7.8 Das Runge-Kutta Verfahren

Beim *Runge-Kutta Verfahren* werden pro Integrationsschritt vier verschienene Steigungen des Richtungsfeldes berechnet, um daraus eine gemittelte Steigung für einen Eulerschritt zu berechnen. Die Zwischenpunkte, bei denen die Steigungen berechnet werden und die Mittelung sind dabei so gewählt, dass das daraus resultierende Verfahren die Fehlerornung $p = 4$ hat. Wir geben hier ohne Herleitung dieses Verfahren an.

x	$h = 0.1$	$h = 0.05$	*exakt*
0.1	1.10517083	1.10517091	1.10517092
0.2	1.22140257	1.22140275	1.22140276
0.3	1.34985850	1.34985879	1.34985881
0.4	1.49182424	1.49182467	1.49182470
0.5	1.64872064	1.64872123	1.64872127
0.6	1.82211796	1.82211875	1.82211880
0.7	2.01375163	2.01375264	2.01375271
0.8	2.22553956	2.22554084	2.22554093
0.9	2.45960141	2.45960300	2.45960311
1.0	2.71827974	2.71828169	2.71828183

Tabelle 7.1: Runge Kutta Verfahren für $y' = y$

Runge-Kutta Verfahren

Ausgehend vom Punkt (x_k, y_k) berechnet man

$$
\begin{aligned}
k_1 &= f(x_k, y_k) & y_a &= y_k + \tfrac{h}{2}k_1 \\
k_2 &= f(x_k + \tfrac{h}{2}, y_a) & y_b &= y_k + \tfrac{h}{2}k_2 \\
k_3 &= f(x_k + \tfrac{h}{2}, y_b) & y_c &= y_k + hk_3 \\
k_4 &= f(x_k + h, y_c)
\end{aligned}
\tag{7.66}
$$

$$
\begin{aligned}
y_{k+1} &= y_k + \tfrac{h}{3}\left(\tfrac{1}{2}k_1 + k_2 + k_3 + \tfrac{1}{2}k_4\right) \\
x_{k+1} &= x_k + h
\end{aligned}
$$

Für die Differentialgleichung $y' = y$ mit der Anfangsbedingung $y(0) = 1$ erhalten wir mit dem Runge-Kutta Verfahren die Werte von Tabelle 7.1. Wenn wir wiederum den Fehler bei $x = 1$ betrachten, so ist

$$
\begin{aligned}
h &= 0.1 & d_h &= -2.08845E - 6 \\
h/2 &= 0.05 & d_{h/2} &= -1.3845E - 7
\end{aligned}
$$

$$
\text{somit} \quad \frac{d_{h/2}}{d_h} = \frac{1}{15.08} \quad \text{statt} \quad \frac{1}{2^4} = \frac{1}{16}
$$

Wir sehen daraus, dass die Fehlerordnung beim Runge-Kutta Verfahren offenbar $p = 4$ ist.

Der Rechenaufwand ist bei den numerischen Integrationsverfahren verschieden. Man zählt hier wie bei der Quadratur *die Anzahl der Funktionsauswertungen der Funktion f pro Integrationsschritt*. Wenn wir für das Runge-Kutta Verfahren die Schrittweite h wählen, so muss bei gleichem Rechenaufwand für Heun die Schrittweite $h/2$ und bei Euler $h/4$ gewählt werden. Es zeigt sich aber für das obige Beispiel, dass bei gleichem Aufwand Runge-Kutta am genauesten rechnet.

Im folgenden wollen wir das Runge-Kutta Verfahren programmieren. Mit der Definition (7.66) ergibt sich zunächst folgendes grobes Konzept für den skalaren Fall:

```
read(xanf, y); (* Anfangsbedingung *)
read(h, xend); (* Schrittweite und Endwert *)
k := 0; x := xanf;
while x <= xend do
begin
    k1 := f(x, y);
    ya := y + h/2 * k1;
    k2 := f(x + h/2, ya);
    yb := y + h/2 * k2;
    k3 := f(x + h/2, yb);
    yc := y + h * k3;
    k4 := f(x + h, yc);
    y := y + h/3 * (0.5 * k1 + k2 + k3 + 0.5 * k4);
    k := k + 1; x := xanf + k * h;
    writeln(x, y);
end
```

Die Funktion $f(x, y)$ beschreibt die Differentialgleichung, sie liefert zu einem gegebenen Punkt (x, y) die Steigung y'. Wenn wir nun auf ein System erster Ordnung $\mathbf{y}' = \mathbf{f}(x, \mathbf{y})$ übergehen, so müssen wir eine Prozedur daraus machen, weil in PASCAL Funktionen keine Vektoren als Werte haben können. Der Prozedurkopf muss also lauten

procedure $f(x : real; y : vektor ; \mathbf{var}\ ys : vektor\ )$;

dabei ist $ys = \mathbf{y}'$. Für das Beispiel 7.3 lautet damit die Prozedur f:

```
procedure f(x : real; y : vektor ; var ys : vektor );
begin
    ys[1] := y[2];
    ys[2] := y[3];
    ys[3] := -5 * y[3] - 8 * y[2] - 6 * y[1] + 10 * exp(-x)
end
```

Bei Systemen sind die Grössen $k1, k2, \ldots$ und $ya, yb, \ldots$ Vektoren, damit muss eine Zuweisung wie etwa

$$ya := y + h/2 * k1;$$

umgeschrieben werden als

$$\textbf{for } i := 1 \textbf{ to } n \textbf{ do } ya[i] := y[i] + h/2 * k1[i];$$

Beachtet man ausserdem, dass wir die drei Vektoren ya, yb und yc durch einen einzigen Vektor z überschreiben können, so erhalten wir folgendes Programm:

Algorithmus 7.5

```
program runge;
type vektor= array [1..10] of real ;
var y, z, k1, k2, k3, k4 : vektor ;
    n, i, k : integer ;
    x, h, xanf, xend : real ;

procedure f(x : real; y : vektor ; var ys : vektor );
begin
    :
end;


begin
    writeln( 'Anzahl Gleichungen ?'); read(n);
    writeln( 'x0=?');read(xanf);
    writeln( 'Anfangsbedingungen ?');
    for i := 1 to n do read(y[i]);
    writeln( 'Integrationsschrittweite ?'); read(h);
```

```pascal
    writeln( 'bis wohin integrieren ?'); read(xend);
    x := xanf; k := 0;
    while x <= xend do
    begin
        f(x, y, k1);
        for i := 1 to n do z[i] := y[i] + h/2 * k1[i];
        f(x + h/2, z, k2);
        for i := 1 to n do z[i] := y[i] + h/2 * k2[i];
        f(x + h/2, z, k3);
        for i := 1 to n do z[i] := y[i] + h * k3[i];
        f(x + h, z, k4);
        for i := 1 to n do
        y[i] := y[i] + h/3 * (0.5 * k1[i] + k2[i] + k3[i] + 0.5 * k4[i]) ;
        k := k + 1; x := xanf + k * h;
        writeln( 'x=',x);
        for i := 1 to n do write(y[i]);
    end
end.
```

Anstatt wie hier die Funktionswerte nach jedem Integrationsschritt auszudrucken, ist es oft schöner, sie mit einem Plotter zu zeichnen. Da man nur eine Funktion nach der anderen zeichnen kann, muss man die berechneten Werte abspeichern oder einfacher nochmals berechnen, wenn eine andere Funktion gezeichnet werden soll.

Aufgabe 7.25 *Die spezielle Differentialgleichung*

$$y'(x) = f(x), \quad y(x_0) = 0$$

hat die Lösung

$$y(x) = \int_{x_0}^{x} f(t)dt.$$

Was für Quadraturformeln ergeben sich, wenn man die Differentialgleichung nach den Verfahren von Euler, Heun und Runge-Kutta integriert?

Aufgabe 7.26 *Das System* $\mathbf{y}' = \mathbf{A}\mathbf{y}$ *mit* $\mathbf{y}(0) = \mathbf{y}_0$ *und konstanter Matrix* $\mathbf{A}$ *hat bekanntlich die Lösung*

$$\mathbf{y}(x) = e^{\mathbf{A}x}\mathbf{y}_0. \tag{7.67}$$

Man führe einen Integrationsschritt der Länge h *mit jedem der drei Verfahren Euler, Heun und Runge-Kutta durch. Man schreibe das Resultat in der Form*

$$\mathbf{y}_1 = (Ausdruck\ in\ \mathbf{A})\mathbf{y}_0$$

und vergleiche die Approximation mit der exakten Lösung (7.67) für $x = h$.

Aufgabe 7.27 *Mit dem Programm Runge-Kutta löse man die Differentialgleichung*

$$y'y + x = 0, \quad y(0) = 4$$

von $x = 0$ *bis* $x = 4$. *Wie lautet die analytische Lösung (Separation der Variabeln!)?*

Aufgabe 7.28 *Mittels Runge-Kutta löse man die Pendelgleichung*

$$\varphi'' + a\varphi' + b\sin\varphi = 0$$

für $a = 0.2$ *und* $b = 10$ *unter der Anfangsbedingung*

$$\varphi(0) = 0.3, \quad \varphi'(0) = 0.$$

Wie gross ist die Winkelgeschwindigkeit beim ersten Durchgang durch die Ruhelage ?

7.9   Das Runge-Kutta-Fehlberg Verfahren

Mit dem Algorithmus 7.5 wird ein Differentialgleichungssystem mit *fester* Integrationschrittweite h integriert. Wenn man die Genauigkeit der berechneten Approximation prüfen will, integriert man häufig das System nochmals mit der halben Schrittweite und vergleicht die Werte. Schöner ist es natürlich, wenn man einen Algorithmus benützen kann, der die für eine gewisse Genauigkeit erforderliche Schrittweite automatisch anpasst. Um die Schrittweite zu berechnen, muss eine Abschätzung des Diskretisationsfehlers bekannt sein. Man könnte einen Schritt mit zwei verschiedenen Verfahren ausführen und dann aus der Differenz der Ergebnisse auf den Diskretisationsfehler schliessen. Wenn die beiden Verfahren zudem teilweise dieselben Zwischenpunkte verwenden, kann der Rechenaufwand pro Schritt minimiert werden. Dies ist beim *Runge-Kutta-Fehlberg* Verfahren der Fall. Hier werden aus sechs Zwischenpunkte zwei Näherungen berechnet, wobei die eine die Fehlerordnung $p = 4$ und die andere $p = 5$ hat. Durch Vergleich der beiden Werte kann die Schrittweite gesteuert werden.

Runge-Kutta-Fehlberg Verfahren

Ausgehend vom Punkt (x_k, y_k) berechnet man

$$
\begin{aligned}
k_1 &= f(x_k, y_k) \\
y_a &= y_k + \tfrac{h}{4} k_1 \\
k_2 &= f(x_k + \tfrac{h}{4}, y_a) \\
y_b &= y_k + \tfrac{h}{32}(3k_1 + 9k_2) \\
k_3 &= f(x_k + \tfrac{3h}{8}, y_b) \\
y_c &= y_k + \tfrac{h}{2197}(1932k_1 - 7200k_2 + 7296k_3) \\
k_4 &= f(x_k + \tfrac{12h}{13}, y_c) \\
y_d &= y_k + h\left(\tfrac{439}{216}k_1 - 8k_2 + \tfrac{3680}{513}k_3 - \tfrac{845}{4104}k_4\right) \\
k_5 &= f(x_k + h, y_d) \\
y_e &= y_k + h\left(-\tfrac{8}{27}k_1 + 2k_2 - \tfrac{3544}{2565}k_3 + \tfrac{1859}{4104}k_4 - \tfrac{11}{40}k_5\right) \\
k_6 &= f(x_k + \tfrac{h}{2}, y_e)
\end{aligned}
$$

Mit den $k_1, \ldots k_6$ können nun zwei Näherungswerte berechnet werden:

$$
\begin{aligned}
y_{k+1} &= y_k + h\left(\tfrac{25}{216}k_1 + \tfrac{1408}{2565}k_3 + \tfrac{219}{4104}k_4 - \tfrac{1}{5}k_5\right) \\
y_{k+1}^* &= y_k + h\left(\tfrac{16}{135}k_1 + \tfrac{6656}{12825}k_3 + \tfrac{28561}{56430}k_4 - \tfrac{9}{50}k_5 + \tfrac{2}{55}k_6\right)
\end{aligned}
$$

Es ist y_{k+1} eine Näherung der Fehlerordnung 4 und y_{k+1}^* hat die Fehlerordnung 5. Durch Vergleich der beiden Werte können wir die Schrittweite steuern. Es ist

$$y_k - y(x_k) \sim c_1 h^5$$
$$y_k^* - y(x_k) \sim c_2 h^6$$

Wenn wir die beiden Gleichungen subtrahieren, ist

$$y_k - y_k^* \sim c_1 h^5$$

und damit

$$c_1 \simeq (y_k - y_k^*)/h^5. \tag{7.68}$$

Nun möchte man die neue Schrittweite h_{neu} so wählen, dass

$$|y_{k+1} - y(x_{k+1})| \simeq |c_3| h_{neu}^5 < \varepsilon |y_k^*| \tag{7.69}$$

ist. Wenn wir annehmen, dass die Faktoren c_i nicht zu sehr ändern, also $c_1 \approx c_3$ ist, so können wir in Gleichung (7.69) den Ausdruck (7.68) einsetzen und erhalten

$$|y_{k+1} - y(x_{k+1})| \simeq \frac{y_k - y_k^*}{h^5} h_{neu}^5 < \varepsilon |y_k^*|,$$

aufgelöst nach h_{neu} ergibt sich schliesslich

$$h_{neu} < h \sqrt[5]{\frac{\varepsilon |y_k^*|}{|y_k - y_k^*|}}. \tag{7.70}$$

Es empfielt sich, für h_{neu} das 0.8 fache des Ausdrucks auf der rechten Seite von (7.70) zu wählen. Falls mit der neuen Schrittweite die beiden Näherungen nicht bis auf die vorgegebene Genauigkeit übereinstimmen, d.h. wenn

$$|y_{k+1} - y_{k+1}^*| > \varepsilon |y_{k+1}^*|$$

ist, muss der Schritt mit einer kleineren Schrittweite (z.B. $h := 0.8 * h$) wiederholt werden. Bei Systemen wählt man statt des Betrages die Maximumnorm, d.h. den Betrag der grössten Komponente von $\mathbf{y}_k^*$. Um unnötig kleine und zu grosse Schritte zu vermeiden, sollte eine kleinste und eine grösste Schrittweite vorgeschrieben werden. Bei automatischer Schrittweitensteuerung müssen oft Zwischenwerte interpoliert werden, da die berechneten Werte meistens nicht an den gewünschten Stellen sind.

Aufgabe 7.29 *Man schreibe für das Runge-Kutta-Fehlberg Verfahren ein Programm mit Schrittweitensteuerung.*

Kapitel 8
Hinweise zur Programmierung

In diesem Kapitel zeigen wir, wie man einen Algorithmus der in PAS-CAL formuliert ist, systematisch in BASIC übersetzen kann. Dieselbe Technik kann auch für andere Sprachen angewendet werden. Wir zeigen ferner, wie eine Rekursion aufgelöst wird und wie man Ableitungen durch algorithmisches Differenzieren berechnet.

8.1   Darstellung von Algorithmen

Um Algorithmen zu entwerfen, muss man sich einer geeigneten Notation bedienen. Die algebraische Notation der Mathematik ist oft zu wenig konkret, weil sie nicht zur Beschreibung des dynamischen Aspekts einer Berechnung und der Speicherung der Daten geeignet ist. Andererseits kann eine spezifische Programmiersprache einen Algorithmus vollkommen unübersichtlich darstellen, weil zuviele Details der Sprache, wie zum Beispiel feste Zuordnungen von Variabelnnamen, beachtet werden müssen.

Um algorithmisch zu denken und Algorithmen darzustellen ist es daher heute allgemein üblich, eine 'höhere Programmiersprache' zu verwenden, bei der eine Aufgabe strukturiert werden kann, indem man sie in Teilaufgaben zerlegt, welche unabhängig voneinander gelöst werden. Anschliessend setzt man die Programmstücke ('Module') zusammen und erhält aus diesen Bausteinen grössere Programme, mit welchen sich komplexere Probleme lösen lassen. Selbst wenn man das Programm in der höheren Programmiersprache nicht laufen lässt, ist sie doch das Mittel, mit dem man algorithmisch *denkt* und womit der Algorithmus *dokumentiert* wird. Entgegen der landläufigen Meinung sind Flussdiagramme, wenn sie mehr als eine Seite gross sind, alles andere als übersichtlich und führen zu einem schlechten Programmierstil, bei dem häufig im Programm herumgesprungen wird.

Eine Programmiersprache, die sich eignet, als Denkhilfsmittel zur Konstruktion von Algorithmen benützt zu werden, muss die folgenden Eigenschaften haben:

1. Sie muss Prozeduren mit lokalen Variabeln und formalen Parametern haben.

2. Sie muss vernünftige Datenstrukturen haben.

3. Sie muss Kontrollstrukturen für Verzweigungen und Schleifen besitzen.

Ohne Punkt 1 kann man nicht modular programmieren, d.h. Teilprobleme lösen und programmieren. Es muss als Minimalforderung bei Punkt 2. möglich sein, Variabelnnamen frei zu wählen, sonst werden Programme sofort unübersichtlich. Kontrollstrukturen erleichtern das Lesen von Programmen. Wenn als einzige Struktur ein *Sprung nach einer Bedingung* vorhanden ist, wird das Programm undurchsichtig. PASCAL erfüllt diese Bedingungen recht gut und eignet sich, um algorithmisch zu denken. Bei vielen Implementationen von PASCAL sind aber die Datentypen *global*, wie z.B. die in diesem Buch häufig verwendeten Typen

```
const n = 20;
type vektor = array [1..n] of real;
     matrix = array [1..n] of vektor;
```

und damit können Prozeduren wie etwa

$$\textbf{procedure } f(x : real;\ y : vektor\ ; \textbf{var } ys : vektor\ );$$

nicht als unabhängige Moduln konzipiert werden. Dieser Nachteil von PASCAL wurde in TURBO PASCAL 6 behoben, indem die Sprache durch Module (sog. **units**) erweitert wurde. Dadurch ist es möglich Prozeduren und Datentypen in verschiedene Programme zu importieren und auch separat zu kompilieren.

8.2   Implementation eines Algorithmus

Wenn ein Algorithmus in der höheren Programmiersprache, der man sich bedient, um ihn zu entwerfen, aufgeschrieben ist, stellt sich oft die Frage, wie man ihn auf einem speziellen Computer implementiert, der diese höhere Programmiersprache nicht versteht. Wir möchten an einem Beispiel zeigen, wie man systematisch ein Programm für die gegebene Sprache umschreiben kann, sodass keine langwierige Fehlersuch- und Testphase entsteht.

Wir nehmen an, wir hätten den Algorithmus in PASCAL programmiert und möchten ihn auf einem Taschenrechner mit einem beschränkten BASIC implementieren. Natürlich könnte diese Übersetzung automatisch durch ein Compilerprogramm geschehen, falls ein solches zur Verfügung steht. Wenn man aber einen Computer verwenden kann, auf dem das PASCAL Programm läuft und wenn ein gutes Editierprogramm vorhanden ist, kann man die Übersetzung sehr einfach von Hand am Bildschirm durchführen.

Als Beispiel betrachten wir das Runge-Kutta Integrationsverfahren von Kap. 7, mit dem ein System von Differentialgleichungen erster Ordnung bei gegebener Anfangsbedingung integriert werden kann:

Algorithmus 8.1

```
program runge;
type vektor= array [1..10] of real ;
var y, z, k1, k2, k3, k4 : vektor ;
    n, i, k : integer ;
    x, h, xanf, xend : real ;


procedure f(x : real; y : vektor ; var ys : vektor );
begin
    ys[1] := y[2];
    ys[2] := y[3];
    ys[3] := -5 * y[3] - 8 * y[2] - 6 * y[1] + 10 * exp(-x)
end;


begin
    writeln( 'Anzahl Gleichungen ?'); read(n);
    writeln( 'x0=?');read(xanf);
    writeln( 'Anfangsbedingungen ?');
    for i := 1 to n do read(y[i]);
    writeln( 'Integrationsschrittweite ?'); read(h);
    writeln( 'bis wohin integrieren ?'); read(xend);
    x := xanf; k := 0;
```

```
        while x <= xend do
        begin
            f(x, y, k1);
            for i := 1 to n do z[i] := y[i] + h/2 * k1[i];
            f(x + h/2, z, k2);
            for i := 1 to n do z[i] := y[i] + h/2 * k2[i];
            f(x + h/2, z, k3);
            for i := 1 to n do z[i] := y[i] + h * k3[i];
            f(x + h, z, k4);
            for i := 1 to n do
            y[i] := y[i] + h/3 * (0.5 * k1[i] + k2[i] + k3[i] + 0.5 * k4[i]) ;
            k := k + 1; x := xanf + k * h;
            writeln( 'x=',x );
            for i := 1 to n do write(y[i]);
        end
    end.
```

Das zur Verfügung stehende beschränkte BASIC erlaubt, als Variabelnnamen nur die grossen Buchstaben $A, B, \ldots, Z$ zu verwenden. Es kann nur *eine* Variable einfach indiziert werden, nämlich $A[0 : max]$, wobei $max < 120$ ist und davon abhängt, wieviel Platz für das Programm gebraucht wird. Als Unterprogramm gibt es nur einen *GO SUB* Befehl, bei dem immer ein gleiches Programmstück ausgeführt wird. Wir wollen nun den Algorithmus 8.1 schrittweise so verändern, dass man ihn auf dem Taschenrechner programmieren kann.

Als erstes müssen wir die Prozedur f, welche das Differentialgleichungsystem beschreibt, ohne formale Parameter umschreiben. Für das Kopieren der aktuellen Parameterwerte in lokale Speicherplätze müssen wir Vektoren zur Verfügung stellen. Da für den formalen Parameter y der Prozedur f oft der aktuelle Parameter z gebraucht wird, verwenden wir für das System die Bezeichnung: $\mathbf{v} = \mathbf{f}(t, \mathbf{z})$. Also lautet die Deklaration von f:

```
        procedure f;
        begin
            v[1] := z[2];
            v[2] := z[3];
            v[3] := -5 * z[3] - 8 * z[2] - 6 * z[1] + 10 * exp(-t)
```

```
   end;
```

Bei einem Aufruf der Prozedur f, wie zum Beispiel

$$f(x + h/2, y, k3); \tag{8.1}$$

müssen nun zuerst die Eingabeparameter in die festen Variabeln t und z kopiert werden. Nach dem Aufruf muss das Resultat der Variabeln $k3$ zugewiesen werden. Somit erhält man für (8.1):

```
t := x + h/2;
for i := 1 to n do z[i] := y[i];
f;
for i := 1 to n do k3[i] := v[i];
```

Führt man dies für alle Aufrufe von f durch und ergänzt die Deklarationen durch den Vektor v und die reelle Variable t, so erhält man

Algorithmus 8.2

```
program runge;
type vektor= array [1..10] of real ;
var y, z, k1, k2, k3, k4, v: vektor ;
    n, i, k : integer ;
    x, h, xanf, xend, t : real ;

procedure f;
begin
    v[1] := z[2];
    v[2] := z[3];
    v[3] := -5 * z[3] - 8 * z[2] - 6 * z[1] + 10 * exp(-t)
end;


begin
    writeln('Anzahl Gleichungen ?'); read(n);
    writeln('x0=?');read(xanf);
    writeln('Anfangsbedingungen ?');
    for i := 1 to n do read(y[i]);
    writeln('Integrationsschrittweite ?'); read(h);
    writeln('bis wohin integrieren ?'); read(xend);
```

```pascal
x := xanf; k := 0;
while x <= xend do
begin
    t := x; for i := 1 to n do z[i] := y[i];
    f;
    for i := 1 to n do k1[i] := v[i];
    for i := 1 to n do z[i] := y[i] + h/2 * k1[i];
    t := x + h/2;
    f;
    for i := 1 to n do k2[i] := v[i];
    for i := 1 to n do z[i] := y[i] + h/2 * k2[i];
    t := x + h/2;
    f;
    for i := 1 to n do k3[i] := v[i];
    for i := 1 to n do z[i] := y[i] + h * k3[i];
    t := x + h;
    f;
    for i := 1 to n do k4[i] := v[i];
    for i := 1 to n do
    y[i] := y[i] + h/3 * (0.5 * k1[i] + k2[i] + k3[i] + 0.5 * k4[i]) ;
    k := k + 1; x := xanf + k * h;
    writeln( 'x=',x);
    for i := 1 to n do write(y[i]);
end
end.
```

Wenn man nun dieses abgeänderte Programm betrachtet, welches immer noch als PASCAL Programm richtig läuft, sieht man, dass die Zuweisung des Resultats nach einem Aufruf von f und die Erzeugung des neuen Vektors z gemeinsam in der gleichen Schleife gemacht werden kann. Ferner kann man sich den Vektor $k4$ sparen und dort direkt v verwenden. Auch muss t nicht immer neu zugewiesen werden, wenn es gleich bleibt. Also vereinfacht sich die **while** -Schleife zu:

```pascal
while x <= xend do
begin
    t := x; for i := 1 to n do z[i] := y[i];
```

```
f;
for i := 1 to n do
begin
    k1[i] := v[i]; z[i] := y[i] + h/2 * k1[i]
end;
t := x + h/2;
f;
for i := 1 to n do
begin
    k2[i] := v[i]; z[i] := y[i] + h/2 * k2[i]
end;
f;
for i := 1 to n do
begin
    k3[i] := v[i]; z[i] := y[i] + h * k3[i]
end;
t := x + h;
f;
for i := 1 to n do
y[i] := y[i] + h/3 * (0.5 * k1[i] + k2[i] + k3[i] + 0.5 * v[i]) ;
k := k + 1; x := xanf + k * h;
writeln( 'x=',x);
for i := 1 to n do write(y[i]);
end
```

Nun können wir noch die Variabelnnamen ändern. Da unser Taschenrechner nur einbuchstabige Variabelnnamen hat, ersetzen wir $xanf$ durch U und $xend$ durch B, was jeweils durch einen einzigen Editor-Befehl geschehen kann. Alle vorkommenden Vektoren müssen auf den Vektor $A[1..max]$ abgebildet werden. Wir können das durch die Zuordnung

$$\left. \begin{array}{rcl} z[i] &=& A[i] \\ v[i] &=& A[N+i] \\ y[i] &=& A[2*N+i] \\ k1[i] &=& A[3*N+i] \\ k2[i] &=& A[4*N+i] \\ k3[i] &=& A[5*N+i] \end{array} \right\} \quad i = 1,2,\ldots,n$$

machen. Wieder können wir dies durch einen einzigen Editor-Befehl wie etwa *replace$y[$A[2 * N + $* für jede Variable durchführen. Man erhält den

Algorithmus 8.3

```
program runge;
var A : array [1..120] of real ;
    N, I, K : integer ;
    X, H, U, B, T : real ;

procedure f;
begin
    A[N + 1] := A[2];
    A[N + 2] := A[3];
    A[N + 3] := -5 * A[3] - 8 * A[2] - 6 * A[1] + 10 * exp(-T)
end;

begin
    writeln('Anzahl Gleichungen ?'); read(N);
    writeln('x0=?');read(U);
    writeln('Anfangsbedingungen ?');
    for I := 1 to N do read(A[2 * N + I]);
    writeln('Integrationsschrittweite ?'); read(H);
    writeln('bis wohin integrieren ?'); read(B);
    X := U; K := 0;
    while X <= B do
    begin
        T := X; for I := 1 to N do A[I] := A[2 * N + I];
        f;
        for I := 1 to N do
        begin
            A[3 * N + I] := A[N + I];
            A[I] := A[2 * N + I] + h/2 * A[3 * N + I]
        end;
        T := X + H/2;
        f;
        for I := 1 to N do
```

```
      begin
          A[4 * N + I] := A[N + I];
          A[I] := A[2 * N + I] + h/2 * A[4 * N + I]
      end;
      f;
      for I := 1 to N do
      begin
          A[5 * N + I] := A[N + I];
          A[I] := A[2 * N + I] + h * A[5 * N + I]
      end;
      T := X + H;
      f;
      for i := 1 to n do
      A[2 * N + I] := A[2 * N + I] + h/3 * (0.5 * A[3 * N + I]
              +A[4 * N + I] + A[5 * N + I] + 0.5 * A[N + I]) ;
      K := K + 1; X := U + K * H;
      writeln( 'x=',X);
      for i := 1 to n do write(A[2 * N + I]);
   end
 end.
```

Der Algorithmus 8.3 ist zwar nicht mehr gut lesbar, ist aber immer noch ein PASCAL Programm und identisch mit dem Algorithmus 8.1, in dem Sinne, dass genau dieselben Zahlen berechnet werden. Er kann jetzt direkt in das BASIC des Taschenrechners übertragen und eingetippt werden. Man ersetzt dabei den Prozeduraufruf f; durch *GO SUB* und die Schleifen **for** $i := 1$ **to** n **do** ... ; durch *FOR X=1 TO N* ... *NEXT I*. Falls man sich vertippt hat, kann man sehr leicht den Fehler finden, indem man Zwischenwerte ausdrucken lässt und diese mit denjenigen des PASCAL Programmes vergleicht.

8.3 Das Auflösen einer Rekursion

Viele Algorithmen werden verständlich und leserlich, wenn sie *rekursiv* formuliert werden. In höheren Programmiersprachen wie z.B. in PASCAL kann man sie so auch direkt (rekursiv) programmieren. Wir haben als Beispiel die *adaptive Quadratur* so eingeführt (Siehe Kap.7).

Es ist wichtig, dass man beim Entwickeln von Algorithmen rekursiv denkt und diese Denkweise schult. Wenn man einen Algorithmus, der sich natürlicherweise rekursiv formulieren lässt, direkt nicht rekursiv programmiert, wird das Programm häufig unnötig kompliziert und unübersichtlich. Viele einfache Programmiersprachen, wie z.B. BASIC, lassen Rekursion nicht zu. Wir möchten im folgenden am Beispiel der Prozedur *adapt*

```
function adapt(a,b,fa,fm,fb,is:real ):real;
    (* globale function f : real *)
var h,m,i1,i2,fml,fmr : real;
begin
    m := (a + b)/2; h := (b − a)/4;
    fml := f(a + h); fmr := f(b − h);
    i1 := h/1.5 * (fa + 4 * fm + fb);
    i2 := h/3 * (fa + 4 * (fml + fmr) + 2 * fm + fb);
    i1 := (16 * i2 − i1)/15;
    if is + i1 = is + i2 then adapt := i1
    else
        adapt := adapt(a, m, fa, fml, fm, is, f)
                    +adapt(m, b, fm, fmr, fb, is, f)
end
```

zeigen, wie man dieses Programm in BASIC übersetzen kann, indem die Rekursion aufgelöst und auf eine Iteration zurückgeführt wird. Beim Übergang auf eine neue Rekusionsstufe, hier

$$adapt := adapt(a, m, fa, fml, fm, is, f)$$
$$+adapt(m, b, fm, fmr, fb, is, f),$$

muss man *einen* Ast, zum Beispiel

$$adapt(a, m, fa, fml, fm, is, f), \qquad (8.2)$$

weiterbearbeiten und den anderen

$$adapt(m, b, fm, fmr, fb, is, f) \qquad (8.3)$$

für die spätere Verarbeitung auf die Seite legen. Dies geschieht, indem man die aktuellen Parameter von (8.3) auf einem 'Stack' abspeichert.

Ein Stack ist ein Kellerspeicher, bei dem immer das zuletzt abgespeicherte Element wieder als erstes hervorgeholt wird. Wenn wir uns auf 30 Rekursionsstufen beschränken, was bei diesem Problem sinnvoll ist, so können wir die 5 Parameter m, b, fm, fmr und fb jeweils in einer Zeile eines **array** [1..30, 1..5] abspeichern. Wegen der besseren Lesbarkeit, ziehen wir aber vor, dafür die Datenstruktur

> stack : **array** [1..30] **of**
> > **record**
> > > a,b,fa,fm,fb : real
> > **end**

zu verwenden. Das Abspeichern des zweiten Aufrufs von *adapt* (8.3) wird damit durch

> $stack[i].a := m$; $stack[i].b := b$;
> $stack[i].fa := fm$; $stack[i].fm := fmr$;
> $stack[i].fb := fb$

gemacht. Falls bei der Bearbeitung von (8.2) wieder eine weitere Rekursionsstufe auftritt, wird der eine Ast weiterbearbeitet und der andere wieder auf dem Stack gespeichert. Damit fährt man solange fort, bis ein Ast der Rekursion beendet ist. Jetzt wird der letzte Eintrag des Stacks geholt und bearbeitet u.s.w. bis der Stack leer ist. Die Auflösung der Rekursion sieht damit schematisch so aus:

> Initialisierung: erster Eintrag in den Stack schreiben;
> **repeat**
> > ein Eintrag vom Stack holen ;
> > **repeat**
> > > Eintrag bearbeiten;
> > > **if** Rekursion beendet **then** *fertig = true*
> > > **else**
> > > **begin**
> > > > parallele Rekursionsaufrufe bis auf
> > > > einen in den Stack speichern;
> > > > *fertig := false*;
> > > **end**;
> > **until** *fertig*;
> **until** stack leer

Wir können nun die Prozedur *adapt* nach diesem Schema umschreiben. Wenn ein Ast der Rekursion beendet ist, haben wir ein Teilintegral berechnet. Alle Teilintegrale werden aufsummiert und ergeben das gesuchte Gesamtintegral. Für diese Summation verwenden wir die Variable *int*. Wir erhalten damit den

Algorithmus 8.4

```
function adapt(a,b,fa,fm,fb,is:real ):real;
   (* globale function f : real *)
var h,m,i1,i2,fml,fmr, int : real;
   i : integer ;
   stack : array [1..30] of
           record
               a,b,fa,fm,fb : real
           end;
           fertig : boolean;
begin
   (* Initialisierung und erster Eintrag *)
   i := 1; int := 0;
   stack[1].a := a; stack[1].b := b; stack[1].fa := fa;
   stack[1].fm := fm; stack[1].fb := fb;
   repeat
       (* Eintrag holen *)
       a := stack[i].a; b := stack[i].b; fa := stack[i].fa;
       fm := stack[i].fm; fb := stack[i].fb; i := i - 1;
       repeat
           m := (a + b)/2; h := (b - a)/4;
           fml := f(a + h); fmr := f(b - h);
           i1 := h/1.5 * (fa + 4 * fm + fb);
           i2 := h/3 * (fa + 4 * (fml + fmr) + 2 * fm + fb);
           i1 := (16 * i2 - i1)/15;
           fertig := (is + i1 = is + i2);
           if fertig then int := int + i1
           else
           begin
               i := i + 1; if i > 30 then writeln( 'Stack zu klein');
               stack[i].a := m; stack[i].b := b; stack[i].fa := fm;
```

$$stack[i].fm := fmr; \ stack[i].fb := fb;$$
$$b := m; \ fb := fm; \ fm := fml;$$

end
       until *fertig*
    until $i = 0;$
    $adapt := int$
end

8.4 Differentiation von Programmen

Wir wollen uns für die folgenden Betrachtungen grundsätzlich überlegen, was ein Programm ist. Wir betrachten dazu ein Programm
P, welches irgendwelche numerischen Berechnungen durchführt. Der
Einfachheit halber nehmen wir an, am Anfang werde für die Variable x
ein Wert eingelesen und nachdem die Berechnung beeendet ist, werde
der Vektor y_1, y_2, ..., y_{10} ausgedruckt:

$$x \longrightarrow \boxed{\ P\ } \begin{array}{l} \longrightarrow y_1 \\ \longrightarrow y_2 \\ \ldots \\ \longrightarrow y_{10} \end{array}$$

Wir nehmen zunächst einmal an, dass der Computer alle reellen Zahlen im Rechenbereich $[-M, M]$ darstellen kann. Die Resultate y_i sind
Funktionen von x. Weil das Programm P nach einer *endlichen* Anzahl
von Schritten beendet ist und der Computer nur die vier Rechenoperationen $+, -, \times, /$ durchführen kann, ist es offensichtlich, dass die y_i
stückweise rationale Funktionen von x sind:

$$y_i(x) = r_i(x), \quad i = 1, \ldots, 10.$$

Diese Funktionen r_i kann man stückweise differenzieren und ihre Ableitung existiert daher fast überall. Die Situation ändert nicht wesentlich,
wenn wir unsere Annahme fallen lassen und auf einen Computer übergehen, der nur mit endlich vielen Zahlen rechnet. Es kann vorkommen,
dass ein Ast der rationalen Funktion nur aus einem Punkt besteht.

    Wir werden im folgenden zeigen, wie die Ableitung dieser rationalen
Funktion durch *algorithmisches Differenzieren* berechnet werden kann.

Es gibt auch Compiler, welche diese Ableitungen maschinell erzeugen. Es stellt sich die Frage, was man mit dieser Ableitung angefangen kann. Wir müssen zwei Fälle unterscheiden:

1. Die Resultate y_i sind auch theoretisch rationale Funktionen von x. In diesem Fall liefert uns die algorithmische Differentiation die exakte Ableitung.

2. Die Resultate y_i sind theoretisch nicht rationale Funktionen und werden nur durch die rationalen Funktionen *approximiert* (eventuell sehr genau). In diesem Fall muss man untersuchen, wie genau die Ableitung der rationalen Funktion die theoretische Ableitung annähert und ob sie dafür verwendet werden kann.

Es gibt sehr viele Probleme, bei denen die Resultate rationale Funktionen der Eingangsparameter sind und es lohnt sich schon deshalb, das algorithmische Differenzieren zu studieren. Wir werden ein grösseres Beispiel dafür angeben. Im zweiten Fall ist häufig die algorithmische Ableitung allen anderen Approximationen der Ableitung überlegen und daher auch nützlich. Man muss allerdings einige Vorsicht walten lassen, wie das folgende Beispiel zeigt.

Beispiel 8.1 *Wir wollen ein Programm schreiben, das die Exponentialfunktion $f(x) = e^x$ im Intervall $[-0.1, 0.1]$ berechnet. Wenn wir die Partialsumme*

$$g(x) = 1 + \frac{x}{1!} + \frac{x^2}{2!} + \frac{x^3}{3!} \tag{8.4}$$

verwenden, gilt für den Approximationsfehler

$$|g(x) - e^x| \leq 4.25 \cdot 10^{-6} \quad \text{für} \quad x \in [-0.1, 0.1],$$

was für gewisse Zwecke genügend genau sein kann. Wenn wir nun die Ableitung der rationalen Funktion (8.4) bilden

$$g'(x) = 1 + \frac{x}{1!} + \frac{x^2}{2!},$$

so ist jetzt nur noch

$$|g'(x) - e^x| \leq 1.7 \cdot 10^{-4} \quad \text{für} \quad x \in [-0.1, 0.1],$$

was vielleicht nicht mehr akzeptabel ist, da man für die Ableitung dieselbe Genauigkeit wie für den Funktionswert haben möchte.

Um den Zusammenhang zwischen der theoretischen Ableitung und der Ableitung der rationalen Funktion noch etwas besser zu illustrieren, betrachten wir ein Programm, welches mittels einer Nullstellenmethode (siehe Kap.3) die Umkehrfunktion berechnet. Gegeben ist also eine Funktion f und ein Wert x und gesucht ist die Lösung y der Gleichung $f(y) = x$, d.h. $y = f^{(-1)}(x)$. Wenn wir der Einfachheit halber annehmen, f sei im Intervall $[a, b]$ monoton wachsend und es sei $f(a) < x$ und $f(b) > x$, so können wir die Gleichung mit der Bisektionsmethode lösen:

Algorithmus 8.5

```
read(x, a, b, eps);
y := (a + b)/2;
while b - a > eps do
begin
    if f(y) < x then a := y else b := y;
    y := (a + b)/2;
end;
```

Beispiel 8.2 *Wenn wir die Umkehrfunktion von* $f(x) = x + e^x$ *mittels Algorithmus 8.5 für* $eps = 0.1$ *berechnen, erhalten wir die Funktion in Figur 8.1.*

Wir haben bei diesem Beispiel absichtlich für die Bisektion einen grossen Wert für *eps* gewählt. Man sieht, dass die Approximation der Umkehrfunktion hier stückweise konstant ist. Wenn man *eps* kleiner wählt, werden die Intervalle kleiner (ebenso mit dem maschinenunabhängigen Kriterium). Die algorithmische Differentiation ergäbe hier $g'(x) = 0$, was total falsch ist. Wir haben also hier eine Situation, bei der die stückweise rationale Funktion zwar die gesuchte Funktion $f^{(-1)}(x)$ bis auf Maschinengenauigkeit approximieren kann, wo aber deren Ableitung nichts mit der exakten Ableitung gemeinsam hat.

Wenn wir einen anderen Algorithmus für die Berechnung der Nullstelle benützen, kann eine Funktion g resultieren, die für die Ableitung besser geeignet ist. Wir wollen die Approximation studieren, welche man mit dem Newtonverfahren erhält. Hier berechnet man die Folge

$$y_{n+1} = y_n - \frac{f(y_n) - x}{f'(y_n)}, \quad n = 1, 2, \ldots \tag{8.5}$$

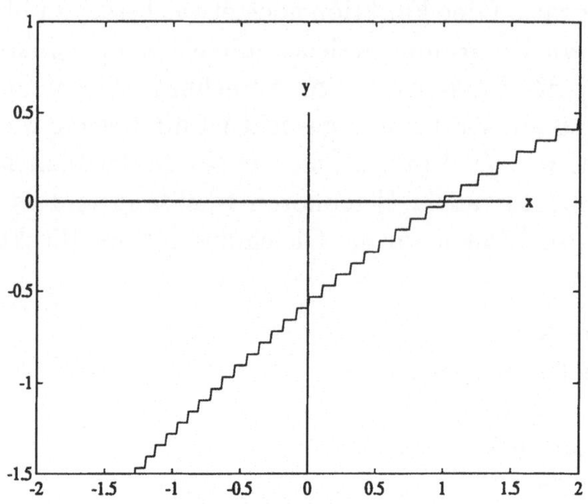

Figur 8.1: Umkehrfunktion mit Bisektion

Jedes Element der Folge ist eine Funktion von x. Wenn wir die die Rekursionsformel (8.5) differenzieren, erhalten wir

$$y'_{n+1} = y'_n - \frac{f'(y_n)\left(f'(y_n)y'_n - 1\right) - f''(y_n)y'_n\left(f(y_n) - x\right)}{f'(y_n)^2},$$

oder etwas vereinfacht

$$y'_{n+1} = \frac{1}{f'(y_n)} + \frac{f''(y_n)y'_n}{f'(y_n)^2}\left(f(y_n) - x\right). \tag{8.6}$$

Wenn nun $n \to \infty$, strebt $y_n \to y$, wobei y die Lösung von $f(y) = x$ ist, d.h. $y = f^{(-1)}(x)$. Also ist wegen Gleichung (8.6)

$$\lim_{n \to \infty} y'_n = \frac{1}{f'(y)} = \frac{1}{f'\left(f^{(-1)}(x)\right)}. \tag{8.7}$$

Der Ausdruck auf der rechten Seite von (8.7) ist in der Tat die Ableitung der Umkehrfunktion, wie man leicht durch Differentiation der

Identität

$$f\left(f^{(-1)}(x)\right) = x$$

verifiziert. Wir betrachten nun das Programmstück zur Berechnung der Folge (8.5):

```
yn := 0; (* Startwert *)
repeat
    ya := yn;
    yn := ya − (f(ya) − x)/fs(ya);
until abs(ya − yn) < eps;
```

Wenn wir dieses Programmstück nach x differenzieren, müssen wir für die Ableitungen neue Variabeln einführen, z.B. ist die Ableitung von *yn* die Variable *yns*. Ferner benötigen wir die Funktion f'', welche wir mit *fss* bezeichnen. Die abgeleitete Anweisung wird jeweils *vor* die betreffende Anweisung eingeschoben. Wir erhalten:

```
yns := 0;
yn := 0; (* Startwert *)
repeat
    yas := yns;
    ya := yn;
    yns := yas − (fs(ya) * (fs(ya) * yas − 1)
              −fss(ya) * yas * (f(ya) − x))/sqr(fs(ya));
    yn := ya − (f(ya) − x)/fs(ya);
until abs(ya − yn) < eps;
```

Wenn nun das Abbruchkriterium $abs(ya − yn) < eps$ erfüllt ist, verwendet man *yn* als 'Grenzwert'. *Der Wert yns wurde aber noch mit dem alten Wert von yn gerechnet und hat somit noch nicht dieselbe Genauigkeit. Um auch yns mit derselben Genauigkeit zu erhalten, ist es nötig* **einen** *weiteren Iterationsschritt durchzuführen.*

Wenn wir diese *Regel von Joss* auf die Approximation von e^x anwenden, so müsste man bei (8.4) einen weiteren, für die Approximation von g unnötigen, Term der Exponentialreihe mitnehmen:

$$g(x) = 1 + \frac{x}{1!} + \frac{x^2}{2!} + \frac{x^3}{3!} + \frac{x^4}{4!}.$$

Mit diesem zusätzlichen Iterationsschritt wird

$$g'(x) = 1 + \frac{x}{1!} + \frac{x^2}{2!} + \frac{x^3}{3!}$$

und damit hat g' die gewünschte Genauigkeit. Wir sehen an diesem Beispiel, dass die Ableitung der rationalen Funktion, welche eine nicht-rationale approximiert, durchaus sinnvolle Resultate ergeben kann.

Eine der algorithmischen Differentiation verwandte Technik, um Ableitungen zu berechnen, wurde schon lange von Mathematikern verwendet: das Ableiten von Rekursionsrelationen. Als Beispiel dazu seien das Differenzieren der dreigliedrigen Rekursionsformel von orthogonalen Polynomen und die Bairstow Methode zur Berechnung von Polynomnullstellen (Siehe Henrici) erwähnt.

Regeln für das algorithmische Differenzieren

1. Neue Variabeln für die Ableitungen deklarieren

2. Nach den üblichen Regeln der Differentialrechnung

$$(u \pm v)' = u' \pm v'$$
$$(u \cdot v)' = u'v + v'u$$
$$\left(\frac{u}{v}\right)' = \frac{u'v - v'u}{v^2}$$
$$(u(v))' = u'(v) \cdot v'$$

jede Anweisung nach der unabhängigen Variabeln ableiten. Für die Standardfunktionen verwendet man auch die üblichen Regeln wie etwa:

$$(\sin(u))' = \cos(u) \cdot u'$$
$$\textbf{if } u > 0 \textbf{ then } (abs(u))' := u' \textbf{ else } (abs(u))' := -u'$$

3. Die abgeleitete Anweisung wird jeweils *vor* der zu ableitenden Anweisung eingeschoben.

Beispiel 8.3 *Die Berechnung des Funktionswerts des Polynoms*

$$P_n(z) = a_0 + a_1 z + \cdots + a_n z^n$$

kann mittels des Hornerschemas *(siehe Kap. 4) durch die Anweisungen:*

$$p := 0;$$
$$\textbf{for } i := n \textbf{ downto } 0 \textbf{ do}$$
$$p := p * z + a[i];$$

erfolgen. Wenn wir auch die Ableitung $ps = P'_n(z)$ berechnen wollen, kann man die 2. Zeile des Hornerschemas in der gleichen **for** *-Schleife mitberechnen. Dies ist aber genau das, was man auch mit dem algorithmischen Differenzieren erhält:*

Algorithmus 8.6
$$ps := 0 ;$$
$$p := 0;$$
$$\textbf{for } i := n \textbf{ downto } 0 \textbf{ do}$$
$$\textbf{begin}$$
$$ps := ps * z + p ;$$
$$p := p * z + a[i];$$
$$\textbf{end}$$

Der Algorithmus 8.6 wurde bei der Newtoniteration benützt.

Zum Schluss wollen wir noch an einem etwas komplizierteren Beispiel die Stärke des Werkzeugs *algorithmische Differentiation* demonstrieren. In der Aufgabe 5.8 von Kapitel 5 wurde mittels des Gauss'schen Eliminationsverfahrens ein Programm entwickelt, mit dem die Determinante einer Matrix **A** numerisch stabil berechnet werden kann. Es resultiert dabei die folgende Prozedur:

Algorithmus 8.7

```
procedure determinante(var a : matrix; var det : real);
var i, j, k, jmax : integer; h : vektor; z, faktor : real;
begin
    det := 1; i := 1;
    while (i <= n) and (det <> 0) do
    begin
        (* Pivotsuche*)
        jmax := i;
```

```
        for j := i + 1 to n do
        if abs(a[j, i]) > abs(a[jmax, i]) then jmax := j;
        if a[jmax, i] = 0 then det := 0
        else
        begin
            if jmax <> i then
            begin
                h := a[i]; a[i] := a[jmax]; a[jmax] := h; det := −det
            end;
            (∗elimination∗)
            det := det ∗ a[i, i];
            for k := i + 1 to n do
            begin
                faktor := a[k, i]/a[i, i];
                for j := i + 1 to n do
                a[k, j] := a[k, j] − faktor ∗ a[i, j];
            end
        end;
        i := i + 1;
    end
end;
```

Wenn nun die Matrix $\mathbf{A}$ von einem Parameter t abhängt und man $as = \mathbf{A}'$ kennt, kann man dieses Programm algorithmisch differenzieren und die Ableitung $dets = det(\mathbf{A}(t))'$ berechnen. Man erhält

Algorithmus 8.8

```
procedure determinante( var a, as : matrix; var det, dets : real);
var i, j, k, jmax : integer; h : vektor; z, faktor, faktors : real;
begin
    dets := 0; det := 1; i := 1;
    while (i <= n) and (det <> 0) do
    begin
        (∗ Pivotsuche∗)
        jmax := i;
        for j := i + 1 to n do
        if abs(a[j, i]) > abs(a[jmax, i]) then jmax := j;
        if a[jmax, i] = 0 then det := 0
```

```
    else
    begin
        if jmax <> i then
        begin
            h := a[i]; a[i] := a[jmax]; a[jmax] := h;
            h := as[i]; as[i] := as[jmax]; as[jmax] := h;
            dets := −dets; det := −det
        end;
        (*elimination*)
        dets := dets * a[i, i] + det * as[i, i];
        det := det * a[i, i];
        for k := i + 1 to n do
        begin
            faktors := (a[i, i]*as[k, i] − as[i, i]*a[k, i])/sqr(a[i, i]);
            faktor := a[k, i]/a[i, i];
            for j := i + 1 to n do
            begin
                as[k, j] := as[k, j] − faktor*as[i, j] − faktors*a[i, j];
                a[k, j] := a[k, j] − faktor*a[i, j]
            end;
        end
    end;
    i := i + 1 ;
  end
end;
```

Aufgabe 8.1 *Gegeben ist die Funktion*

$$f(x) = \frac{e^{\sqrt{1-x^2}}\sqrt{1-x^2}\,\sin\sqrt{1-x^2}}{\arctan(1-x^2)\sin(1-x^2) - \sqrt{1-x^2}}$$

Das folgende Programm berechnet einen Funktionswert von f:

```
program funktion;
var h, w, zae, nen, f, x : real;
begin
    read(x);
    h := 1 − sqr(x);
```

```
w := sqrt(h) ;
zae := exp(w) * w;
zae := zae * sin(w);
nen := arctan(h) * sin(h) - w;
f := zae/nen ;
writeln(x, f);
```
   end

Man modifiziere dieses Programm durch algorithmische Differentiation so, dass neben f auch $f' = fs$ berechnet und ausgedruckt wird und berechne damit Funktionswert und Ableitung für $x = 0.5$.

Aufgabe 8.2 *Bei der Laguerreiteration (siehe Kap.4) wird die 2. Ableitung eines Polynoms benützt. Man berechne diese durch algorithmische Differentiation von Algorithmus 8.6 in Beispiel 8.3.*

Aufgabe 8.3 *Mit dem Algorithmus determinante schreibe man ein Programm, um die Eigenwerte λ_i des allgemeinen Eigenwertproblems*

$$P_n(\lambda) = det(\mathbf{A} - \lambda\mathbf{B}) = 0 \tag{8.8}$$

zu berechnen, wobei $\mathbf{A}$ und $\mathbf{B}$ symmetrisch sind und $det(\mathbf{B}) \neq 0$ ist (alle Eigenwerte sind in diesem Fall reell). Man verwende das Newtonverfahren für $det(\mathbf{C}(\lambda)) = 0$, wobei

$$\mathbf{C}(\lambda) = \mathbf{A} - \lambda\mathbf{B}$$

und

$$\mathbf{C}'(\lambda) = -\mathbf{B}$$

ist.

Wenn man zur Lösung der Gleichung (8.8) zuerst die Koeffizienten a_i des charakteristischen Polynoms $P_n(\lambda)$ berechnet

$$P_n(\lambda) = a_0 + a_1\lambda + \cdots + a_n\lambda^n,$$

so ist bekanntlich dieser Weg numerisch instabil. Berechnet man aber den Funktionswert von P_n mittels Gauss'scher Dreieckszerlegung und die Ableitung mit algorithmischer Differentiation, so resultiert ein numerisch stabiler Algorithmus. Allerdings ist dieser Algorithmus sehr rechenaufwendig. Er kann aber wiederum für beliebige nichtlineare λ-Matrizen $\mathbf{C}(\lambda)$ verwendet werden.

Anhang: Plotprozeduren zum Zeichnen von Funktionen

In diesem Anhang werden die im Lösungsbuch[1] angegebenen Plotprozeduren modifiziert. Dadurch ist es möglich, die im Lösungsbuch angegebenen Programme mit nur geringen Änderungen auch in TURBO PASCAL 6 laufen zu lassen.

Wir zeigen dies an Hand des Programms, das für das Zeichnen von Funktionen benützt wird.

```
(*$B - *)
program fktplt;
uses Graph;        (* neue Zeile *)
var i, xg, yg, xt, yt, oldx, oldy, farbe, keine : integer;
    xmin, xmax, ymin, ymax, x, h : real ;
(*$I plotproz *)
function f(x : real) : real;
begin
    f := sin(x) + x * exp(x)
end;
begin
    writeln('xmin, xmax, ymin, ymax eingeben');
    readln(xmin, xmax, ymin, ymax);
    plotbegin( xg, yg, xt, yt, farbe, keine);
    achsen(xmin, xmax, ymin, ymax, xg, yg, xt, yt, farbe, keine);
    pl(xmin, f(xmin), keine);
    h := ( xmax-xmin)/xg;
    for i := 0 to xg do
    begin
        x :=xmin+i * h; pl(x, f(x), farbe)
    end;
    readln       (* neue Zeile *)
end.
```

---

[1] W. Gander, Computermathematik Lösungen der Aufgaben mit Turbo Pascal Programmen, Birkhäuser Verlag, Reihe Programm Praxis, 1986

Bei diesem Programm wurden bloss 2 neue Zeilen eingefügt: Am Anfang (2. Zeile) müssen durch den Befehl **uses** *Graph* die Plotprozeduren verfügbar gemacht werden und am Ende (zweitletzte Zeile) bewirkt das eingeschobene *readln*, dass die Graphik auf dem Bildschirm sichtbar bleibt bis vom Benützer die RETURN Taste betätigt wird.

Wenn die nachfolgend aufgeführten neuen Versionen der Prozeduren *plotbegin*, *achsen* und *pl* benützt werden, sind dies die einzigen Änderungen, die für den Übergang von TURBO PASCAL 2 auf TURBO PASCAL 6 vorgenommen werden müssen. Diese beiden Zeilen sind analog auch in den übrigen Programme des Lösungsbuches einzusetzen, welche graphischen Output erzeugen.

Eine wesentliche Änderung bei der Graphik in TURBO PASCAL 6 ist, dass nur noch in *einem* Koordinatensystem im Graphikmodus gearbeitet wird. In TURBO PASCAL 2 musste man für die Beschriftung noch ein zweites Koordinatensystem für Textoutput über dem Graphikschirm verwenden. Im Lösungsbuch wurden die Variablen xg, yg und xt, yt für die Breite und Höhe des Graphik- beziehungsweise des Textfensters verwendet.

Bei der Initialisierungsrozedur *plotbegin*(xg, yg, xt, yt, *farbe*, *keine*) werden diese Bildschirmdaten sowie die beiden "Farben" *farbe* und *keine* definiert. Für TURBO PASCAL 6 sind also die Variablen xt und yt unnötig und man könnte die Parameterliste verkleinern. Ferner gibt es in TURBO PASCAL 6 für die beiden Parameter xg und yg die Konstanten GetMaxX und GetMaxY, sodass auch auf diese verzichtet werden könnte.

Aus Kompatibilitätsgründen lassen wir jedoch diese Parameter bestehen und überlassen es dem Leser, weitere Vereinfachung selber vorzunehmen.

Die Variabeln *oldx* und *oldy* bezeichneten früher die Position des "current pointers" (CP) auf dem Graphikschirm. Diese Variablen werden in TURBO PASCAL 6 auch nicht mehr gebraucht, da mittels den beiden Funktionen *GetX* und *GetY* die aktuellen Koordinaten des CP jederzeit erhältlich sind.

Das File *plotproz.pas* sieht daher wie folgt aus:

```pascal
function rd(x :real) :integer;
var si : integer;
begin
    si := 1; if x < 0 then si := -1;
    if abs(x) > 3E4 then rd := si * 30000 else rd :=round(x);
end;

procedure pl( x,y : real; farbe : integer);
(* global xmin,xmax,ymin,ymax : real; keine : integer
      und function rd *)
var xi, yi : integer;
begin
    xi := rd(xg/( xmax- xmin) * (x-xmin));
    yi := rd(yg/( ymin- ymax) * (y-ymax));
    if farbe<> keine then LineTo( xi,yi)
else MoveTo( xi,yi ) end;

procedure kreuz(x, y :real; l : integer);
(* global xmin,xmax,ymin,ymax : real; keine : integer
      und function rd *)
var xi, yi :integer;
begin
    xi := rd(xg/(xmax - xmin) * (x - xmin));
    yi := rd(yg/(ymin - ymax) * (y - ymax));
    Line(xi - l, yi, xi + l, yi);
    Line(xi, yi - l, xi, yi + l);
end;

procedure plotbegin(var xg, yg, xt, yt, farbe, keine: integer);
(* xt, yt werden in Turbo Pascal 6 nicht mehr gebraucht,
    sie sind nur aus Kompatibilitaetsgruenden noch vorhanden *)
var Driver,Mode,err: integer;
begin
    Driver := Detect;
    InitGraph( Driver,Mode, 'c : \tp\bgi');
    (* Hier muss der Pfadname zu den bgi Files angegeben werden *)
    err := Graphresult;
    if err<> 0 then
```

```
    begin
        WriteLn( 'der Fehler ist : ',err); HALT;
    end;
    (* Breite und Hoehe des Grafikschirms: *)
    xg :=GetMaxX; yg:=GetMaxY;  keine := black;
    farbe := white; SetColor(farbe); (*Zeichenfarbe*)
    SetBkColor(black); (*Hintergrundfarbe*)
    SetTextStyle(DefaultFont, HorizDir, 1); (*Schriftwahl*)
end;

procedure achsen(xmin,xmax,ymin,ymax: real;
        xg,yg,xt,yt,farbe,keine : integer);
var i,k,ex,ey,xi,yi : integer;
    ox,oy, mx,my : real; hstri, stri : string [50] ;
function zehnhoch(e : integer) : real;
begin zehnhoch:= exp(e * ln(10)) end;

procedure pl(x,y : real; farbe : integer);
(* global xmin,xmax,ymin,ymax : real; keine : integer
        und function rd *)
var xi, yi : integer;
begin
    xi := rd(xg/( xmax- xmin) * (x-xmin));
    yi := rd(yg/( ymin- ymax) * (y-ymax));
    if farbe<> keine then LineTo(xi,yi)
else MoveTo(xi,yi ) end;

procedure tick(x,y : real; ch : char);
(* Produziert die Tickmarks auf Achsen *)
var xi,yi : integer;
begin
    xi := round(xg/( xmax-xmin) * (x-xmin));
    yi := round(yg/( ymin-ymax) * (y-ymax));
    case ch of
    'x','v' : (* auf x-Achse*)
    begin
        Line(xi,yi + 3, xi, yi - 3);
        (* ist Platz fuer Beschriftung unten ? *)
```

```pascal
        if yi + 3+ TextHeight('A') <= yg then
            MoveTo(xi, yi + 3+ TextHeight('A'))
        else
            MoveTo(xi, yi - 3- TextHeight('A'))
    end;
    'y','h' : (* auf y-Achse*)
    begin
        Line(xi - 3, yi, xi + 3, yi);
        (* ist Platz fuer Beschriftung links ? *)
        if xi - 3- TextWidth('-AA') > 0 then
        MoveTo(xi - 3- TextWidth('-AA'), yi)
        else
        MoveTo(xi + 6, yi)
    end;
  end
end;

procedure zerlege(x : real; var mantisse : real;
          var exponent : integer);
(* zerlegt eine real Zahl in Mantisse und Exponent *)
var e : integer;
begin
    e := trunc(ln(x)/ln(10)); x := x/exp(e * ln(10));
    (* anpassen *)
    if x < 1 then begin x := x * 10; e := e - 1 end;
    if x > 10 then begin x := x/10 ; e := e + 1 end;
    exponent:= e; mantisse:= x;
end;

function skala(a, b : real) : integer;
(* bestimmt eine einen integer Skalenschritt für die Tickmarks *)
var k : real; h : integer;
begin
    k := 1;
    while (b - a)/k >= 10 do k := k * 10;
    while (b - a)/k < 5 do k := k/2;
    if k > 1 then h := round(k) else h := 1;
    if h = 13 then h := 10;
```

```
    if h = 3 then h := 2;
    skala:= h;
end;

begin
    ox := 0; oy := 0;
    (* Nullpunktverschiebung *)
    if xmin > 0 then
    begin
        zerlege(xmax, my, ey); ey := ey − 1; my := my * 10;
        ox :=round(xmin*zehnhoch(−ey))*zehnhoch(ey);
        (* Korrektur, falls ox auuserhalb des Intervalls liegt *)
        if ox > xmax then ox := xmax
        else if ox < xmin then ox := xmin;
    end
    else
    if xmax < 0 then
    begin
        zerlege(−xmin, my, ey); ey := ey − 1; my := my * 10;
        ox := −round(−xmax*zehnhoch(−ey))*zehnhoch(ey);
        if ox < xmin then ox := xmin
        else if ox > xmax then ox := xmax
    end;
    xmax := xmax − ox; xmin := xmin − ox;
    if ymin > 0 then
    begin
        zerlege(ymax, my, ey); ey := ey − 1; my := my * 10;
        oy := round(ymin*zehnhoch(−ey))*zehnhoch(ey);
        if oy > ymax then oy := ymax
        else if oy < ymin then oy := ymin
    end
    else
    if ymax < 0 then
    begin
        zerlege(−ymin, my, ey); ey := ey − 1; my := my * 10;
        oy := −round(−ymax*zehnhoch(−ey))*zehnhoch(ey);
        if oy < ymin then oy := ymin
```

```
        else if oy > ymax then oy := ymax
end;
ymax := ymax − oy; ymin := ymin − oy;
(* Skalierung *)
zerlege(xmax − xmin, mx, ex); zerlege(ymax − ymin, my, ey);
ex := ex − 1; ey := ey − 1;
xmax := xmax*zehnhoch(−ex); xmin := xmin*zehnhoch(−ex);
ymax := ymax*zehnhoch(−ey); ymin := ymin*zehnhoch(−ey);
(* x-Achse *)
pl(xmin, 0, keine); pl(xmax, 0, farbe);
k := skala(xmin, xmax);
for i := round(xmin) to round(xmax) do
begin
    if i mod k = 0 then
    begin
        tick(i, 0, 'x');
        str(i, stri); if i > 0 then stri := ' ' + stri;
        SetTextJustify( CenterText, TopText);
        OutText(stri)
    end
end;

(* y-Achse *)
pl(0, ymin, keine); pl(0, ymax, farbe);
k := skala(ymin, ymax);
for i := round(ymin) to round(ymax) do
begin
    if i mod k = 0 then
    begin
        tick(0, i, 'y');
        str(i, stri); if i > 0 then stri := ' ' + stri;
        SetTextJustify( LeftText, CenterText);
        OutText(stri)
    end
end;

(* Einheiten beschriften *)
if ox <> 0 then
```

```pascal
begin
    str(ox : 12, stri); hstri := stri + '+ x'
end
else hstri := '';
if ex <> 0 then
begin
    if ox = 0 then hstri := hstri + 'x';
    str(ex,stri); hstri := hstri + '*10^' + stri;
end;
SetTextJustify(LeftText, CenterText);
OutTextXY(xg - TextWidth(hstri), yg - 4*TextHeight(hstri),hstri);
if oy <> 0 then
begin
    str(oy : 12, stri); hstri := stri + '+ y'
end
else hstri := '';
if ey <> 0 then
begin
    if oy = 0 then hstri := hstri + 'y';
    str(ey,stri); hstri := hstri + '*10^' + stri;
end;
SetTextJustify(LeftText, CenterText);
OutTextXY(xg - TextWidth(hstri), yg - 2*TextHeight(hstri),hstri);
end;
```

Literaturverzeichnis

1. Gene H. Golub und Charles F. van Loan, Matrix Computations, John Hopkins University Press, Baltimore, 1983

2. Peter Henrici, Essentials of Numerical Analysis, John Wiley & Sons Inc., New York, 1982

3. Johann Joss, Algorithmisches Differenzieren, Dissertation ETH 5757, 1976

4. Nicolet et al., Informatik für Ingenieure, Springer Verlag, Berlin Heidelberg, 1980

5. Heinz Rutishauser, Vorlesungen über Numerische Mathematik, herausgegeben von M. Gutknecht, Birkhäuser Verlag, Basel, 1976

6. Niklaus Wirth, Algorithmen und Datenstrukturen, Teubner Verlag, 1975

Index

Abspalten 100
adaptive Quadratur 206, 207, 241
Aitken-Neville-Schema 158
algorithmisches Differenzieren 245
Algorithmus 11
    Bisektions- 58
    von Laguerre 113
    von Nickel 110
    Euklid'scher 28
    stabiler 21
Anfangsbedingung 213
Anfangswertproblem 213
Approximationsfehler 16
Auflösen einer Rekursion 241
Ausgleichsrechnung 141
Auslöschung, numerische 18
Bernoullizahlen 202
binärer Suchprozess 64
Binomialreihe 41
Bruchrechnen 27
Compiler 12
Cosinussatz 21
Cramer'sche Regel 121
defekte Splinefunktion 175
Determinante 119
Differentialgleichung 213
Differenzieren
    von Programmen 245
Differenzenquotient 164
Diskretisationsfehler 16, 223
Dreiecksmatrix 124
Dreieckszerlegung 132
Eigenwert 254
endlicher Automat 14
Euklid'scher Algorithmus 28
Euler-Cauchy Verfahren 219
Euler-MacLaurin'sche
    Summenformel 202
Euler'sche

- Iterationsformel 90
- Konstante c 167
- Relation 42
- Verfahren 218
- Zahl e 52
Exponent 14
Exponentialfunktion 38, 44
Exponentialmatrix 47
Extrapolation 162
Fehler 68
Fehlergesetz 84
Fehlerordnung 223
Fixpunkt 65
Gauss
    - Eliminationsverfahren 124
    - Normalgleichungen 144
Givens
    -rotationsmatrix 140
    -elimination 137
Golub, Gene 8, 46
goniometrische Gleichung 33 , 116
grösster gemeinsamer
    Teiler (ggT) 28
halblogarithmische
    Zahlendarstellung 14
Halley, Verfahren von 81
Heron 79
Heun, Verfahren von 218
Hilfswinkelmethode 33
Hornerschema 92, 97
Integration numerische 191
Interface 12
Interpolation 151
    -sfehler 152 , 155
    inverse 162
    Spline-168
    von Kurven 188
Iteration 65
    Iterationsalgorithmus 65

Iterationsform 65
Komplexe Zahlen 42, 106
Kondition, schlechte 22
Knuth, Donald 8
Koeffizienten 117
Konvergenz
    lineare 72
    -ordnung 84
    quadratische 74
kubische Splinefunktion 171
Lagrange'sche
    Interpolationsformel 153
Lagrangepolynom 154
Laguerre, Algorithmus von 113
Laplace'sche Entwicklung 120
Lamport, Leslie 8
$\LaTeX$ 8
lineare Konvergenz 72
lineares Gleichungssystem 117
    komplexes 134
    tridiagonales 181
    überbestimmtes 141
Linearfaktoren 91, 100
longint Variabeln 10, 27
MacLaurinreihe 35
Mantisse 14
Maschinengenauigkeit 20
Maschineninstruktion 12
Maschinenzahlen 14
Matrix 45
    -operationen 46
    Exponential- 47
    -norm (Frobenius) 47
mehrfachgenaue Zahl 49
Methode der kleinsten
    Quadrate 144
Monotonie 80
Newtonverfahren 77 ,104
Neustelle 151
Nickel, Algorithmus von 110
normalisierte Maschinenzahl 14

numerische Auslöschung 18
orthogonal 140
PASCAL 8, 9
    TURBO PASCAL 9, 10
Permutationsmatrix 133
π 17, 20, 53, 166
Pivotelement 127
Pivotstrategie 128
Plotprozeduren 10, 255
Polarkoordinaten 29
Polynome 91
    Nullstellen 100
Primzahlen 29
Prinzip von Wilkinson 22
QR-Zerlegung 141
quadratische Gleichung 21, 25
Quadratur 191
Quadratwurzel 53, 78, 89
Quellenprogramm 12
Rang 1 Modifikation 184
real time 13
Rechenbereich 15
Residuenvektor 144
Richtungsfeld 219
Rombergschema 203
Rückwärtseinsetzen 124
Rückwärtsfehleranalyse 21, 22
Rundungsfehler 15, 16
Runge-Kutta Verfahren 225
Runge-Kutta-Fehlberg 231
Rutishauser, Heinz 11
schlechte Kondition 22
Schnittstelle (Interface) 12
Schrittweite 195
Simpson Regel 197
skalares Produkt 39
Spline
    -Interpolation 168
    defekte 175
    echte 176
stabiler Algorithmus 21

Stützpunkte 151
Stützstellen 151
Stützwerte 151
Summe 33
Taylorreihe 34
Trapezregel 192
unausgeglichene Arithmetik 63
Unbekanntenvektor 118
Unterlauf (underflow) 15
Überlaufbereich (overflow) 15
Vieta, Satz von 21
von Neumann, John 11
Vorwärtseinsetzen 133
Wilkinson, James H. 22, 102
Winkel zwischen Vektoren 39
Wirth, Niklaus 8
Wurzel
    Quadrat- 53, 78
    komplexe 44
Zahlenumwandlungen 95
Zahlensysteme 95
Zwergenaufgabe 47